阵列雷达低角跟踪技术

徐振海　肖顺平　熊子源　著

科学出版社
北　京

内 容 简 介

本书阐释了低角跟踪问题本质，总结了低角跟踪技术途径，研究了多径机理与模型，针对阵列雷达体制提出并实现了三大类八种低角跟踪方法，并进行了方法对比分析与总结。

全书共11章，内容包括：多径机理与模型、改进单脉冲类方法（包括对称波束法、双零点法）、谱搜索类方法（包括子空间匹配法、子孔径法、波束域法）、解相干类方法（包括空间平滑法、频率分集法、极化平滑法）。书中对上述方法的原理与实际性能进行了深入研究。

本书内容新颖，系统性强，理论联系实际，可供雷达工程技术领域的科研人员阅读，也可作为高等院校和科研院所电子工程专业师生的参考书。

图书在版编目(CIP)数据

阵列雷达低角跟踪技术/徐振海，肖顺平，熊子源著. —北京：科学出版社，2014

ISBN 978-7-03-039011-0

Ⅰ. ①阵… Ⅱ. ①徐…②肖…③熊… Ⅲ. ①信号处理-雷达-研究 Ⅳ. ①TN959

中国版本图书馆 CIP 数据核字(2013)第256859号

责任编辑：余 丁 张 宇 / 责任校对：李 影
责任印制：肖 兴 / 封面设计：蓝 正

科学出版社 出版
北京东黄城根北街16号
邮政编码：100717
http://www.sciencep.com

北京凌奇印刷有限责任公司 印刷

科学出版社发行 各地新华书店经销

*

2014年3月第 一 版 开本：B5(720×1000)
2014年3月第一次印刷 印张：11
字数：204 000

POD定价： 55.00元
（如有印装质量问题，我社负责调换）

作 者 简 介

徐振海　男，1977年生，博士，副教授，硕士生导师。2004年6月获工学博士学位，2006～2008年在中国电子科技集团公司第十四研究所做博士后研究工作。出版学术专著2部，以第一作者发表论文50余篇，主持国家自然科学基金项目、中国博士后科学基金项目（一类）、863计划项目、总装武器装备预研项目等，参与973计划项目、总装演示验证项目等多项，获军队科技进步二等奖2项，获国防专利2项，获三等功1次。目前从事阵列雷达低角跟踪、子阵划分以及群目标分辨等关键技术的研究。

肖顺平　男，1964年生，教授，博士生导师。电子信息系统复杂电磁环境效应国家重点实验室副主任。国防科学技术大学国家重点学科信息与通信工程学术带头人之一，国家863计划专家，总装备部仿真技术专业组专家，中国电子学会无线电定位技术分会委员、副秘书长。主要从事信号处理与目标识别、综合电子战等方面的教学与科研工作。

熊子源　男，1986年生，硕博连读研究生。在*IEEE Trans*、*IEEE Letter*、《电子学报》等期刊发表论文10余篇，参与国家自然科学基金项目、863计划项目、总装武器装备预研项目等。目前从事阵列雷达最优子阵划分及处理的研究。

序

观测贴近地面或海面运动的低空目标是雷达探测的一个重点问题。由于可以利用地球曲率对雷达直线视距的限制和背景杂波的掩护，贴近地面或海面从低空进入对方雷达观测区域被当成一种对付雷达观测的有效电子对抗措施。雷达探测任务主要包括目标检测与目标参数测量。目标检测是在很强的杂波背景中实现的，需要在频率域区分运动目标与背景杂波的多普勒频移差异，因而检测低速运动的小目标尤其困难。对于两坐标雷达来说，由于只对目标距离与方位角两个参数进行测量，因此雷达检测发现目标后，经过目标确认、跟踪启动，在跟踪过程中只需测量目标的距离与方位角，因而对低仰角目标的跟踪过程与检测过程没有大的差异，只是在采用多波束雷达与相控阵雷达情况下，检测与跟踪过程可以采用不同的信号形式、波束驻留时间与数据采样率。在很多情况下，为满足对目标进行精确跟踪与火控制导的要求，在测量目标距离、方位的同时还需测量目标的仰角，并根据目标仰角与斜距计算出目标离地高度。这是目前大多数三坐标雷达，特别是岸防三坐标雷达与舰载三坐标雷达的基本任务。

对于新一代三坐标雷达，为了实现目标分类、识别，在跟踪过程中实现的参数测量内容不断增加。多参数测量不仅有利于多目标航迹关联，还可实现基于目标特征的信号检测，改善目标检测性能和剔除虚假目标信息等。对低空三坐标雷达来说，要增加目标参数测量内容，首先应提高对低仰角目标的连续跟踪性能，但这与高仰角目标跟踪相比，即与一般三坐标雷达相比更为困难，其主要原因是多径效应。在跟踪低仰角目标时，由于电波传播过程中存在地面或海面镜像反射引起的多径效应，对地面或海面上方单一目标的仰角估计受到其镜像目标的影响，单一目标变为由真实目标与其虚拟目标构成的成对目标。当雷达分辨率不够高，无法在角度与距离上分辨开时，精确估计目标的仰角位置变得困难，这使得精确测量低空目标的高度或仰角方法备受重视，成为雷达研究领域中的一个重要研究课题。如果再考虑地面、海面反射系数的变化以及地面粗糙度与海面波浪的影响，低仰角目标的镜像将变为由多个镜像构成的垂直分布的条带目标，这将使得精确估计低仰角目标高度，并对其进行连续跟踪变得更为困难。国内外都很重视这一问题的解决，在目标高度测量原理、技术体制、信号设计和处理算法等各个方面，都有人提出和试验过不少解决方法。目前尚未见到专门讨论低空测高与低空目标跟踪的专著，这是作者迎难而上，撰写该书的主要动力。

徐振海在中国电子科技集团公司第十四研究所博士后工作站从事研究工作期间，对雷达低空测高问题进行过比较全面、深入的研究工作，除了在理论上创新探讨外，还进行了大量计算和外场试验，在此期间积累的科研成果为本书写作提供了必要的理论与技术基础。书中对造成低角跟踪困难的主要原因（即多径效应产生的机理）进行分析，结合非高分辨雷达的实际使用情况，先对采用改进单脉冲测角实现低角跟踪的方法进行讨论，然后将阵列信号处理理论用于对低空目标及其镜像目标的空间谱进行估计，获得目标及其镜像的来波方向，并在此基础上提出了几种新的低仰角跟踪方法。仿真计算与试验数据分析表明，书中提出的低仰角跟踪方法对提高低仰角目标跟踪性能是有作用的。

希望该书的出版能为从事低仰角目标跟踪研究工作的单位与科技人员提供参考，相信会有更多的有关专著问世，促进我国雷达事业的创新发展。

张光义

中国工程院院士

2013 年 8 月于南京

前　　言

利用雷达探测盲区实现低空、超低空突防是现代战争中常用的战术手段。多径效应是导致雷达对低空、超低空目标跟踪性能下降甚至失效的重要原因，在舰载雷达、陆基米波雷达等应用场合尤其突出。低角跟踪是一个几乎接近“经典”的老问题，从20世纪60年代开始，国际雷达界针对海面多径问题开展了大量理论与实验研究，提出了多种解决思路与方法，发表了许多重要文献，在舰载雷达应用方面取得了重要突破。然而对于陆基米波雷达而言，低角跟踪仍然是其技术瓶颈。

作者有幸在中国电子科技集团公司第十四研究所做博士后，期间重点研究了米波三坐标雷达测高问题，出站后在国家自然科学基金、中国博士后科学基金（一类）的资助下继续深入研究。历经八年时间，查阅了1971年以来所有文献，针对阵列雷达体制提出并实现了三大类八种低角跟踪方法，分析处理了大量实测数据，取得了一批富有工程应用价值的研究成果。试图以此为基础撰写一本关于阵列雷达低角跟踪方面的专著，对该问题进行理论概括和技术总结。

本书全面、系统地研究了阵列雷达低角跟踪的概念、模型、方法、性能与结论。全书共11章。第一章绪论，重点介绍低角跟踪的概念，包括低角跟踪问题本质、可能的技术途径以及阵列雷达低角跟踪研究现状。第二章研究多径反射机理以及阵列雷达回波建模问题。第三章针对阵列雷达研究并实现了对称波束单脉冲方法。第四章针对阵列雷达研究并实现了双零点单脉冲方法。以上两种方法可以归结为改进单脉冲类方法。第五章研究子空间匹配法。第六章研究子孔径法。第七章研究波束域法。以上三种方法可以归结为谱搜索类方法，子空间匹配法相当于阵元域处理，子孔径法和波束域法相当于降维处理，子孔径法和波束域法均可以通过自适应技术实现。第八章研究空间平滑法。第九章研究频率分集法。第十章研究极化平滑法。以上三种方法可以归结为解相干类方法。第十一章结束语，详细对比分析各种方法的性能、特点以及系统实现代价，并指出值得进一步研究的方向。本书具有以下三个鲜明特色：

一、选题新颖。关于低角跟踪问题，相关成果都散见于各类文献，据作者所知，本书是国内外关于阵列雷达低角跟踪这一专门问题的第一部学术著作。

二、系统性强。全书自成体系，每种方法独立成章，便于读者查阅使用。

三、理论联系实际。研究追求可工程化的方法，力求简单实用，本书所涉及的方法，大都经过了实测数据的检验，甚至可以直接应用于雷达工程型号。

本书由徐振海执笔，肖顺平审校全稿。同时还得到了熊子源、张亮、吴佳妮等博士研究生以及戴崇、黄艳刚、黄坦、宋聃等硕士研究生的帮助，在阵列雷达的研究道路上有各位相伴，并肩战斗，共同进步，是一大幸事。与雷达界泰斗、前辈、同事、朋友的讨论使作者受益匪浅，不仅开阔了学术视野，了解了雷达工程实践，更重要的是更新了做学问的理念，深刻体会到"理论联系实际"以及"工程创新"的重要意义。在本书的写作酝酿阶段，更得到了中国工程院院士、著名雷达专家张光义的鼓励与支持，他全面细致地审阅了初稿，提出了许多中肯的意见，并亲自为本书作序。特别感谢王国玉研究员对该项研究的关注与支持。

本书将有利于初涉此专题的研究者从卷帙浩繁的文献中解放出来，并结合具体的雷达工程实践在本书的基础上进行再创新。若能为雷达装备的工程研制提供参考与借鉴，将是作者莫大的荣耀！

限于作者水平，加之该领域仍处于发展之中，书中疏漏之处在所难免，肯请读者批评指正。

作　者
电子信息系统复杂电磁环境效应
国家重点实验室
2013年8月于长沙

目　　录

第一章　绪　　论

1.1　低角跟踪概述

1.1.1　问题由来

在雷达探测领域，低角跟踪[1,2]（low angle tracking，LAT）是一个几乎接近“经典”的老问题，其问题根源就是多径效应。多径效应严重影响着低空（低仰角）目标的探测性能，尤其对舰载雷达和陆基米波雷达影响严重。

当雷达跟踪位于地/海平面以上、天线波束宽度以内的低仰角目标（简称低角目标）时，目标回波通过多条路径到达雷达接收天线，称为多径现象。从目标直接到达雷达天线的信号称为直达信号，通常只有一条；通过地球表面反射到达雷达天线的信号称为多径信号。多径信号由镜面反射分量和漫反射分量构成，当反射面起伏程度较小时，以镜面反射为主，通常镜面反射也只有一条；当反射面起伏程度较大时，以漫反射为主，漫反射可以认为是随机分布在一定角度范围的、幅度较小的镜面反射信号的集合。图 1.1 给出了低角跟踪时镜面多径现象示意图，镜面反射信号相当于反射面以下“镜像”目标的回波。

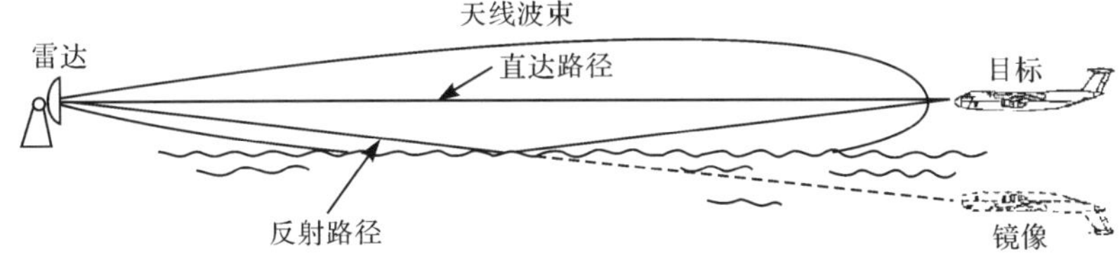

图 1.1　低角跟踪时镜面多径现象示意图

多径信号的存在使得雷达跟踪性能急剧下降，仰角测量性能无法满足实际要求。由多径效应引起的跟踪误差称为低角跟踪误差。美国海军研究实验室（Naval Research Laboratory，NRL）在切萨皮克湾最早开展了低角跟踪实验研究。图 1.2 为 S 波段雷达低角跟踪误差曲线[2]，它反映了多径反射信号从天线的旁瓣进入主瓣过程中跟踪误差的变化。天线波束俯仰宽度为 2.7°，目标以等高度（3000ft，1ft=0.3048m）远离雷达向外飞行，并配有信标源。开始跟踪时目标仰角为 4°，在跟踪时间为 8.5min 以前，多径信号位于天线的旁瓣，对跟踪角精度影响较小。在跟踪时间为 8.5min 以后，目标仰角小于 2°，多径信号进入天线波束的主瓣，多径信号引起较大的跟踪误差，并且跟踪误差呈现出周期性，接近于正弦振荡，严重时甚至丢失目标。

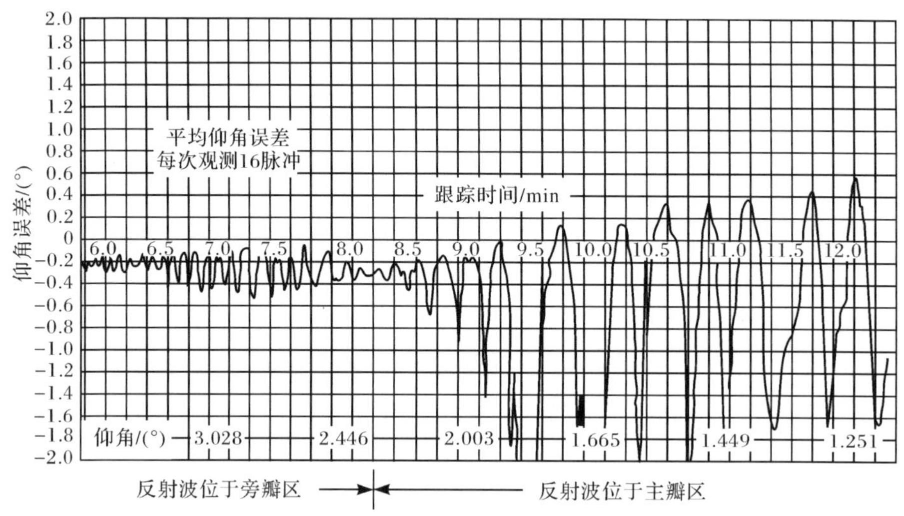

图 1.2　S 波段雷达低角跟踪误差曲线

跟踪误差振荡现象可以通过理论仿真进行解释，仿真场景和系统参数与美国海军研究实验室实验雷达完全一致，仿真得出的低角跟踪误差曲线如图 1.3 所示。可以看出两者振荡规律比较相似，理论和实际吻合得相当好，只是外场实验中雷达偶尔跟踪镜像目标，而理论仿真中该现象并没有出现。

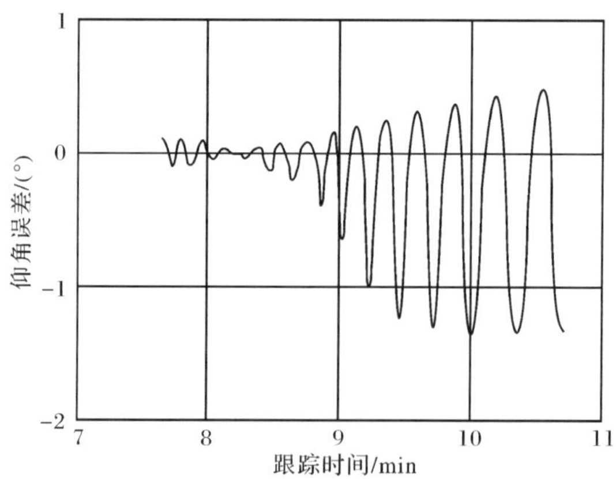

图 1.3　理论仿真低角跟踪误差曲线

1.1.2 问题界定

所谓“低仰角”是相对天线波束俯仰宽度而言的，当天线波束指向水平方向，目标仰角小于 1/2 波束宽度时，称为低仰角。例如，若目标仰角为 3°，对于俯仰宽度为 8°的雷达而言称为低仰角，而对于俯仰宽度为 2°的雷达就不能称为低仰角了。另外，对于脉冲雷达而言，只有当直达信号与镜面反射信号路程差小于距离分辨率时，才会发生干涉现象，如果路程差大于距离分辨率，则镜面反射信号与直达信号分别位于不同距离单元，多径对直达信号的测角影响不大。因此，低角跟踪有两个特定条件：第一，目标仰角小于天线波束俯仰宽度的 1/2；第二，直达与多径信号路程差小于距离分辨率。

低角跟踪是国际雷达界约定俗成的概念，主要是指雷达目标仰角或高度的测量，不涉及航迹的关联滤波问题。该问题主要属于雷达信号处理的范畴，而非雷达数据处理范畴。当然也有少量文献[3~5]探讨多径条件下航迹关联滤波问题，但是本书不涉及该部分内容。

此外，在目标径向距离精确测量的前提下，可以根据目标的距离和仰角导出目标的高度，因此，目标仰角测量与高度测量是等价的。

1.1.3 技术难点

低角跟踪技术的核心就是克服多径效应的影响，提高目标仰角的测量精度。Barton[2]指出，当测角误差大于 1/10 波束宽度时，低角跟踪是无效的；当测角误差达到 1/20～1/10 波束宽度时，低角跟踪是有效的。如果测角精度达到 1/100 波束宽度，则称高精度测角。通常情况下，当目标仰角小于 1/4 波束宽度时，大多数低角跟踪方法是无效的。低角跟踪技术的难点在于：

第一，多径信号与直达信号分辨困难。从空域来看，目标直达信号与多径信号到达角之间的夹角很小，远小于天线俯仰波束主瓣宽度；从时域来看，多径信号与直达信号的路程差远小于距离分辨率，因此它们在时域强烈相关，即相干；从频域来看，多径信号与直达信号的多普勒频率几乎相同，因此在空域、时域和频域都无法分辨多径信号和直达信号。

第二，反射面特性是未知和时变的。反射面特性与工作频率、极化、表面起伏度、植被覆盖、相对介电常数等诸多因素有关。通常反射区域的这些特征参数是未知的，并且在雷达探测过程中，反射区域随着目标运动而运动，因此反射面的特性是时变的。Skolnik[6]特别指出：虽然雷达传播基础理论很好理解，但获取雷达工作环境必要信息的困难使得在特定地点和特定时间上准确地量化预测传播特性并不容易，从某种意义上说，地/海面反射特性的预测像天气预报一样困难。

1.1.4 误差成因

精密跟踪雷达通常采用经典单脉冲技术。对于经典单脉冲系统，和波束方向图是偶函数，而差波束方向图是奇函数，因此用和信号归一化差信号得到的鉴角曲线是奇函数。在多径条件下，对于直达信号而言，如果差信号 Δ_d 与和信号 Σ_d 同相，那么对于多径反射信号，差信号 Δ_i 一定与和信号 Σ_i 反相，信号矢量关系如图 1.4 所示。

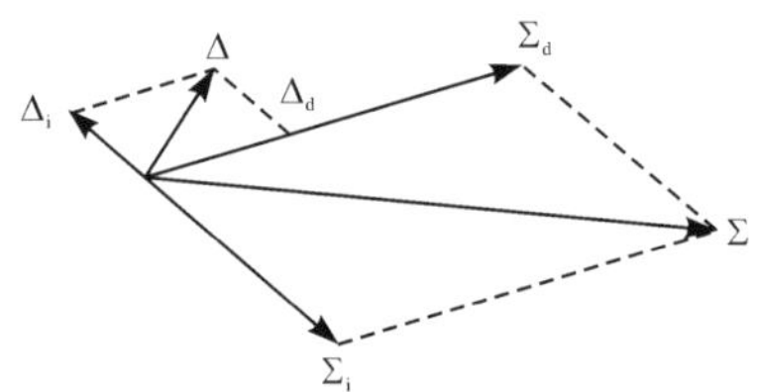

图 1.4 多径条件下的和差信号矢量图

根据平行四边形法则，多径条件下差信号 Δ 与和信号 Σ 输出不再保持同相或反相的关系，此时若再用和信号去归一化差信号得到的单脉冲比为一个复数，并且与复反射系数有关，即

$$\frac{\Delta}{\Sigma}=\frac{V_{\Delta}(\theta_d)}{V_{\Sigma}(\theta_d)}\cdot\frac{1-\rho}{1+\rho}$$

式中，V_{Σ}，V_{Δ} 分别表示和波束接收电压、差波束接收电压；$\rho=|\rho|e^{j\phi}$ 表示复反射系数。

如果此时仍然取 $\mathrm{Re}\left[\frac{\Delta}{\Sigma}\right]$ 进行仰角估计，则会带来很大的角估计误差，由多径引起的角误差为

$$\Delta\theta=\theta_d\,\frac{2|\rho|^2+2|\rho|\cos\phi}{|\rho|^2+2|\rho|\cos\phi+1}$$

式中，θ_d 为目标的仰角。尤其当 $\rho=-1$ 时，即发生理想镜面反射时，单脉冲比为无穷大，会造成巨大的角估计误差。

1.1.5 军事需求

1. 舰载雷达

对于舰载雷达而言，低空/超低空突防的飞机、反辐射导弹、巡航导弹是其面临的主要威胁。低角跟踪技术最典型的应用就是舰载雷达。对于平静的海平面，容易发生镜面反射，其反射系数接近 −1，恰好是多径误差最严重的情况；对于起伏的海平面，漫反射占主导地位，漫反射机理复杂，引起的多径误差也较大。因

此，研究低角跟踪技术对于舰载雷达来说非常重要。舰载雷达低角跟踪如图 1.5 所示。

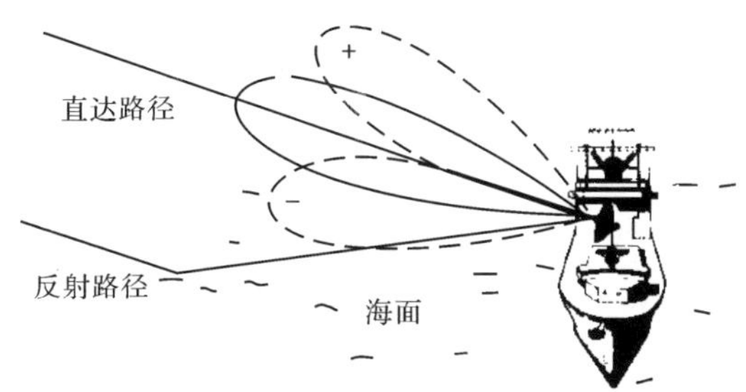

图 1.5　舰载雷达低角跟踪示意图

2. 陆基米波三坐标雷达

米波雷达[7,8]频段较低，对于反隐身具有独特优势，但其也具有本质缺点：受天线尺寸限制，波束宽度较宽，雷达角分辨力和测角精度都较低。另外，根据瑞利判据，在米波波段地面的反射行为更加趋于“理想”平面，甚至有植被覆盖的地面，雷达阵地附近地面对于米波而言相当于“光滑”表面，因此也容易发生多径效应，使得雷达仰角测量出现较大误差。因此，研究低角跟踪技术对于米波三坐标雷达来说也非常重要。陆基米波雷达低角跟踪如图 1.6 所示。

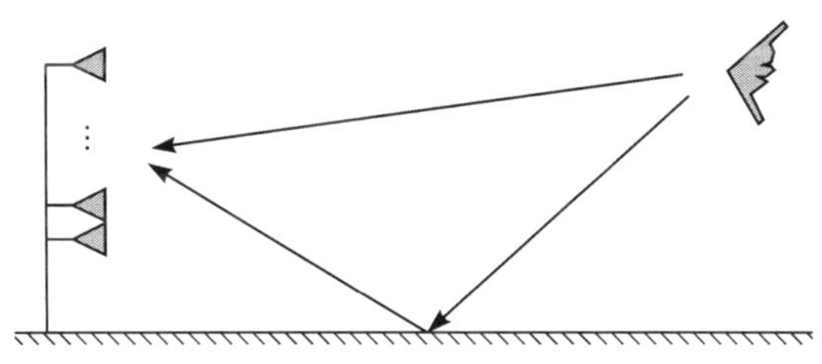

图 1.6　陆基米波雷达低角跟踪示意图

3. 机载预警雷达

预警机[9]担任空中预警与控制(引导)任务，需要测定目标的三维坐标，低空/超低空飞行的战斗机等目标是其重要的探测对象。由于载机气动特性限制，机载雷达天线垂直孔径不可能很大，仰角波束通常较宽。当对平静的海面或平坦的陆地上方的目标进行探测时，多径效应非常明显，常规的测角方法通常失效，低空目标的高度测量误差较大，不能满足作战引导需求，当今已装备的机载预警雷达还不能称为真正的三坐标雷达，因此需要重点解决多径条件下机载预警雷达低空目标探测问题。机载预警雷达低角跟踪图如图 1.7 所示。

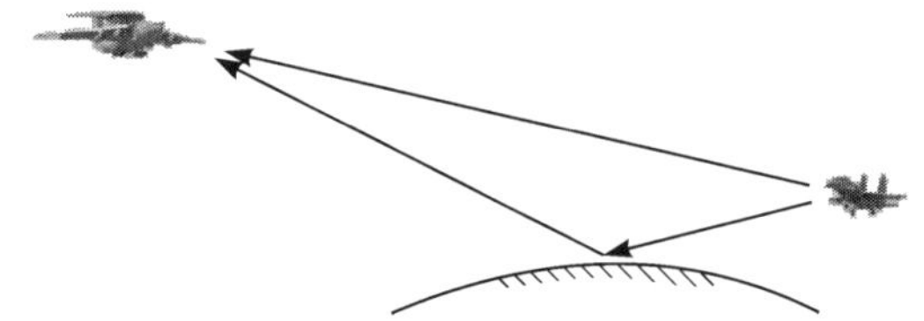

图 1.7 机载预警雷达低角跟踪示意图

该场合与前面两种应用有所区别，雷达高度很高(10km 左右)，目标高度较低(1km 以下)，并且此时必须考虑地球的曲率问题。本书重点研究前两种应用，探讨工作在地面或接近地面的雷达对低仰角目标的跟踪问题。

1.2 低角跟踪技术途径

对于低角跟踪问题，从 20 世纪 60 年代开始，人们开展了大量的理论与实验研究。近半个世纪中，提出并检验了多种技术以减小仰角测量时的多径误差，尤其在天线方向图改进、先进信号处理利用方面进行了许多有益的尝试。所有方法各具优势，但由于实际条件的限制，均没有从根本上解决雷达低角跟踪问题。下面对这些技术进行原理性评述。

1.2.1 复角技术

在多径条件下，经典单脉冲雷达差信号与和信号不再保持严格同相或正交，因此和信号归一化后的差信号不再是实数或纯虚数，而是一个复数，也称为复指示角或复角(complex indicated angle，CIA)。在以与和信号同相和正交的分量所构成的复平面内，该复数作为仰角的函数，其轨迹为螺旋线。通过对复角的测量，理论上仍然可以求出目标的仰角，简称为复角技术[10,11]。

复角技术适用于高径比(雷达高度/天线口径)小、工作频率低的雷达。在使用复角技术过程中，雷达天线的仰角需要固定在水平面以上某个特定位置，将开环的复角值与一组由特定雷达安装、天线仰角和地形特征确定的预测值进行比较。随着目标仰角的增加，复角的螺旋线多次重叠，所以一个复角值不能唯一确定一个仰角，需要频率分集或长时间跟踪来解模糊。此外，该方法严重依赖地面复反射系数，当地面实际复反射系数与装定的复反射系数存在差异时，仰角测量将出现较大误差，并且该误差难以消除。外军曾经在 AN/FPS-16 雷达上作过多次试验以验证复角技术的可行性，结论是该技术只能应用于某些特定场合。

1.2.2 改进单脉冲

改进单脉冲处理思想就是通过修正天线的方向图消除多径信号的影响。典型的方法有双零点法[1]、对称波束法[1]和偏轴跟踪等。

1. 双零点法

双零点法的思想是:通过使用比常规单脉冲更复杂的天线,形成并控制差波束的第二个零点,使它对准多径信号方向,在回波到达接收机之前抑制多径信号,这样就可以消除多径对单脉冲测量的影响。具体而言就是利用垂直平面内的第三对馈源产生第二个零点,由三对馈源接收的仰角信号进行合成可产生两个零点,一个在目标方向,一个在镜像方向,这就是 White 提出的方法。

水上实验表明:当目标仰角低到 1/4 波束宽度时,采用双零点技术能够获得好的跟踪精度,均方根误差在 1/20 到 1/10 波束宽度之间。

当采用阵列天线时,可用极大似然估计准则确定目标和镜像的位置。Barton 认为,当存在漫反射时,该方法的效果会下降,并且该方法还要求比常规单脉冲更复杂的单脉冲馈源结构和信号处理。

2. 对称波束法

对称波束法的思想是:设计雷达和、差波束使得单脉冲鉴角曲线关于波束指向偶对称,控制天线波束照射方向,使其与目标的夹角等于与目标镜像的夹角,当波束指向与目标-镜像的角平分线重合时,和通道、差通道接收到的信号电压幅度比仅与直达信号的单脉冲比有关,而与多径反射信号无关。只要测出单脉冲比,即可确定目标的仰角。换句话说,镜像回波分量在测角过程中被完全抵消了。与传统测角方式不同,在用对称波束法测角时,天线的俯仰差波束与和波束完全同相。

对称波束法应用的前提是目标与其镜像同处于雷达照射波束内,应用范围较窄,可以通过调整天线波束宽度(波束展宽或散焦)进行一定的角度扩展来解决。

3. 偏轴跟踪

在低角跟踪过程中,避免跟踪天线“下潜”现象的一种老技术是将天线锁定在正仰角约为 0.7～0.8 个波束宽度的位置,并将仰角误差信号作为对低于该角度目标的一种校正。另一种方法是假定目标的仰角是水平线到视轴夹角的一半。在极端情况下,跟踪误差的峰值不会超过 0.7～0.8 个波束宽度,典型的均方根误差为 0.3 个波束宽度。这样,跟踪精度虽稍有提高,但是避免了天线的大幅摇摆和跟踪丢失现象。

1.2.3　多维高分辨

在雷达低角跟踪过程中，唯一能完全消除多径误差的方法是将多径反射信号与直达信号完全分离，可以用多维高分辨技术来实现上述目的。多维高分辨技术包括角度高分辨、距离高分辨、多普勒高分辨以及多极化分辨。

1. 角度高分辨

由于窄波束可以不照射到地球表面，因此采用窄波束是减小或消除多径误差的最有把握的方法。多数情况下，仰角误差与波束宽度成正比，如果波束宽度不超过允许误差的 20 倍，则无需采用特殊的误差减小方法。实现窄波束需要大的天线孔径或高的雷达频率，或者两者都需要。

然而，在实际应用中两个要求并不一定能满足。雷达工作频率在雷达设计之初都已经优选确定；另外受平台的限制，天线的几何孔径也不能无限增大。

2. 距离高分辨

多径信号的传播路径大于直达信号，因此可以采用距离高分辨[12]技术在距离维将其分辨开来，仅跟踪直达信号就避免了多径效应引起的角误差。

然而，在实际应用中消除多径影响所需要的带宽太大，因而难以在雷达中实现，所以距离高分辨不是解决多径问题的理想途径。只有当雷达和目标均在地球表面上方相当高的位置时，才有可能用距离高分辨解决多径问题，比如在机载预警雷达应用场合。更进一步的局限在于，在高分辨条件下，目标上距离雷达最近的散射体必须提供一个适宜于跟踪的信号，因为后续散射体回波沉浸在先前散射体的多径回波中。

3. 多普勒高分辨

由于实际目标和镜像目标处在不同的仰角位置，并且仰角的绝对值理论上存在差异，因此多普勒频率也稍微有些差异。用足够高的多普勒分辨力，也存在将镜像与目标区分开来的可能性。

然而实际上，多普勒频差通常太小，必须采用非常长的时间进行相干积累，所以多普勒高分辨也不是解决多径问题的理想途径，几乎不可能实用。

4. 多极化分辨

通常情况下，水平极化和垂直极化条件下地/海面反射特性是不同的，因此多径反射信号的极化状态与直达信号的极化状态也不同。对于极化雷达系统，可以设定接收天线的极化与多径信号的极化正交，这样在进入雷达接收机之前，多径信号就被抑制。

实际应用要求雷达天线是双极化的，系统的复杂性提高。另外，如果多径信号与直达信号极化状态差异较小，则抑制多径的同时，直达信号也被削弱了。此外，如果发生漫反射现象，多径信号为部分极化波，极化滤波将会有较大剩余，极化滤波不能完全抑制多径信号。

1.2.4 频率分集或捷变

利用频率分集[13,14]或捷变能够获得一些独立的误差采样，通过平均可使多路径误差得到一定程度减小。获得独立采样所需要的频移与直达信号、多径反射信号间的时间延迟成反比，频率间隔通常为时延的倒数。采用频率分集或捷变连续脉冲进行工作，要比生成和处理大带宽的信号更容易。独立采样数与雷达频率分集或捷变带宽成正比，对于米波雷达实现大的分集或捷变带宽有困难；对于舰载X波段雷达，分集或捷变带宽足够满足需求，所以频率分集或捷变应用比较成功。

1.2.5 极化选择

在低擦地角条件下，水平和垂直极化反射系数相位近似相等，于是当从表面反射圆极化波时，不会产生反旋圆极化波。当雷达采用垂直极化波以接近布儒斯特(Brewster)角向下观察目标(和表面)时，菲涅尔系数得到极大下降，使得多径误差成比例减小。该方法对于利用垂直极化的机载雷达和导弹寻的器是有效的，并且确保无强镜面反射。这是唯一实际利用极化来减小多径反射的实例。

1.2.6 多目标估计

依据极大似然估计可以对目标及其镜像角度进行估计[15,16]，人们已经提出了许多变形的技术。通常，在理想镜面反射情况下，这些方法是很有希望的，但是，当漫反射严重时，这些方法就会失败。由于漫反射不能作为白噪声来建模，极大似然估计的数学理论难以应用于实际多径情况，但是这并没有阻止人们应用这一理论所进行的尝试。Barton在《Radar System Analysis and Modeling》[17]中指出：到目前为止，还普遍缺乏利用这些方法设计出可行的多径误差减小的成功实例。

1.3 阵列雷达低角跟踪研究现状

低角跟踪仍然是一个未圆满解决的富有挑战的技术瓶颈。随着相控阵雷达或数字阵雷达逐渐成为现代雷达的发展主流，利用复杂阵列信号处理技术来解决低角跟踪问题成为可能。阵列信号处理技术需要垂直阵列天线系统以及多通道接收系统，与单脉冲方法相比增加了雷达系统的复杂性，但由于阵列自由度提高，信号处理灵活性增强，基于阵列信号处理的低角跟踪算法层出不穷，人们已经尝试了多种阵列信号处理算法，所有算法根据实际性能被接受或被拒绝。下面分别介绍主要的方法与性能。

1.3.1 匹配场法

美国林肯实验室将声呐领域中的匹配场处理技术[18](matched field processing，MFP)引入到雷达低角跟踪领域。其核心思想是：在传统的波束形成技术中，用多径条件下复合导向矢量代替自由空间常规导向矢量，根据多径几何关系以及复反射系数规律预测复合导向矢量，当预测的导向矢量与阵列接收的回波最匹配时，波束形成器输出最大，进而给出目标的仰角。

该方法的理论基础是：目标回波的复合导向矢量可以精确预测，镜面多径机理的简单性使得模型预测成为可能。该方法特别依赖于反射面复反射特性规律，如果该预测存在模型误差，角度估计就会产生误差，因此也限制了该方法在实际中的应用。图 1.8 给出了复反射系数正确和错误时的高度谱估计结果，图中 SNR 表示信噪比(signal-to-noise ratio)。

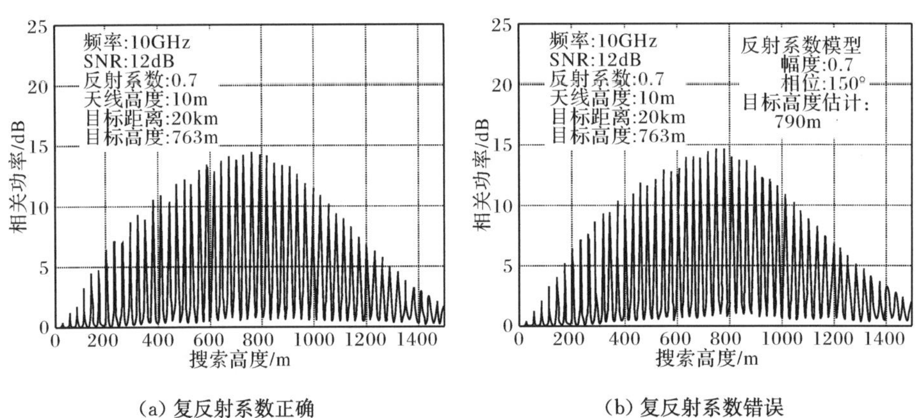

(a) 复反射系数正确　　(b) 复反射系数错误

图 1.8　复反射系数正确和错误条件下的高度谱图

相干高度分析方法(coherent height analysis，CHA)与匹配场法本质上相同。将多径条件下复合导向矢量代替自由空间导向矢量，是阵列信号处理技术在雷达低角跟踪中最直接的应用。

1.3.2 子孔径法

美国海军研究实验室研究了低角跟踪中三子孔径法[19]。将阵列天线分成三个相等且互不覆盖的子阵，阵列天线子阵划分如图 1. 9 所示。利用极大似然(maximal likelihood,ML)估计准则给出了简单的闭合形式解，似然函数的最大值恰好是双零点形成网络的输出 SNR，双零点形成网络如图 1. 10 所示。该方法相当于在直达信号和镜面反射信号方向处形成两个零点，图 1. 11 给出了天线阵的方向图，图中 DOA 指来波方向(direction of arrival)。该方法实现简单，仅需要三路接收机，且估计性能与全阵 ML 估计相当。该方法不仅可以估计出目标的仰角，而且还可以估计出反射面复反射系数，复反射系数的幅度估计比较精确，但相位估计精度较差，尤其是低仰角情况。

文献[20]对该方法进行了改进，利用“直达信号幅度比反射信号幅度强”这一事实提出了改进三子孔径法，克服了直达信号与多径信号相位差为 0°时性能恶化的现象，和原来方法相比，误差可以降低 3 倍或更多。

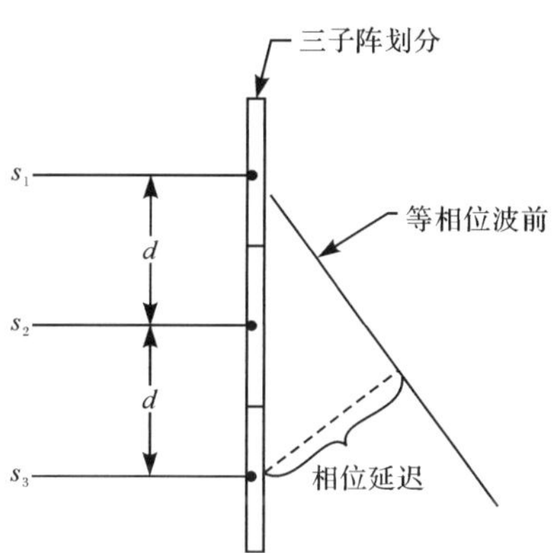

图 1. 9　天线三子孔径结构示意图

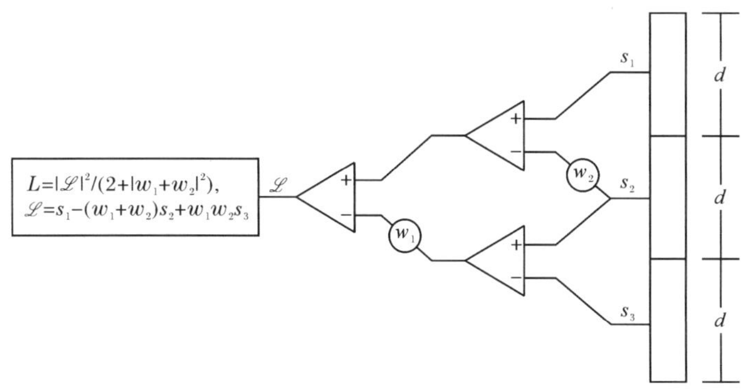

图 1. 10　简化的 ML 估计实现框图

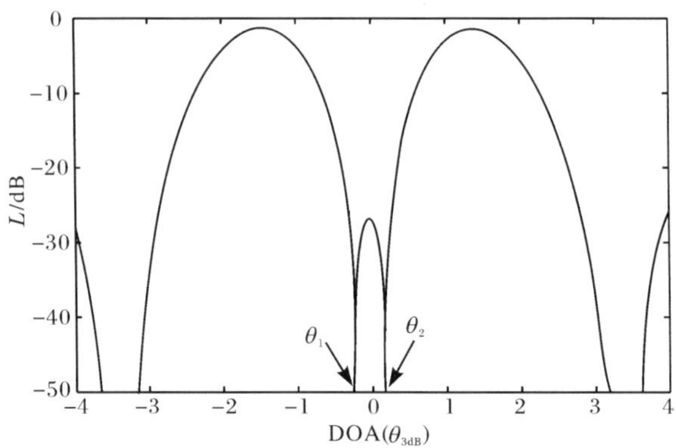

图 1.11　等效的阵列天线方向图

1.3.3　自适应天线阵法

加拿大 McMaster 大学通信研究实验室 Haykin 等[21~24]研究了利用自适应天线阵对多径条件下目标仰角估计问题。假定直达信号与多径反射信号关于阵列法向对称，利用波束形成网路形成三个波束，其中参考波束指向 0°方向，辅助波束的指向关于 0°对称，两个辅助波束接收信号相加，然后与参考波束接收信号一起进入自适应对消器，自适应处理结构如图 1.12 所示。自适应处理的准则是输出信号均方误差最小，最优权与复反射系数以及信号相位差无关。该方法不需要复反射系数的先验信息。在无噪声条件下求出最优权与信号到达角的关系曲线，在实际应用中，根据该曲线查表得到对应的到达角。文中还分析了仰角估计性能与 SNR 以及直达与多径信号相位差的关系，相位差为 180°时性能下降最严重。

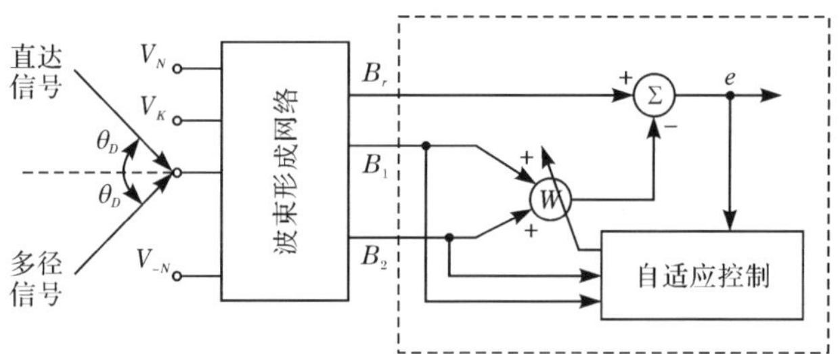

图 1.12　雷达低角跟踪自适应天线框图

1.3.4　波束域法

美国普渡大学电机工程学院研究了低角跟踪中的波束域方法[25~27]。为了解决低 SNR 和低仰角的问题，文献[25]提出了阵元空间向波束空间变换的概念，基于西蒙·凯金的方法，形成三个相邻且正交的子波束，三个波束有共同的零点，三波束示意图以及三波束方向图如图 1.13 和图 1.14 所示。然后利用波束空间 ML 估计信号到达角。利用秩 1 投影算子推导了精确的表达式，得到了 ML 估计的闭合解。波束域处理大大降低了计算量，但是对于信号相位差为 180°的情况，在单频条件下，性能恶化严重。文献[26]和[27]利用频率分集进一步改善系统的性能。利用多频的出发点是：阵列相位中心处直达与多径信号相位差随频率变化而变化，欠秩问题和信号对消问题不可能同时出现在所有频率上。频率分集条件下的信号处理步骤是：首先将多频点上的信号聚焦到参考频点，聚焦后得到单频点数据协方差，再应用窄带信号处理方法进行角度估计。此外，多频处理还将未知的复反射系数作为信号模型参数的一部分，用其极大似然估计代替其真值，消除了其对仰角估计的影响。频率分集必须满足一定的约束条件，需要特别指出的是，该约束条件在窄带条件下无法满足。

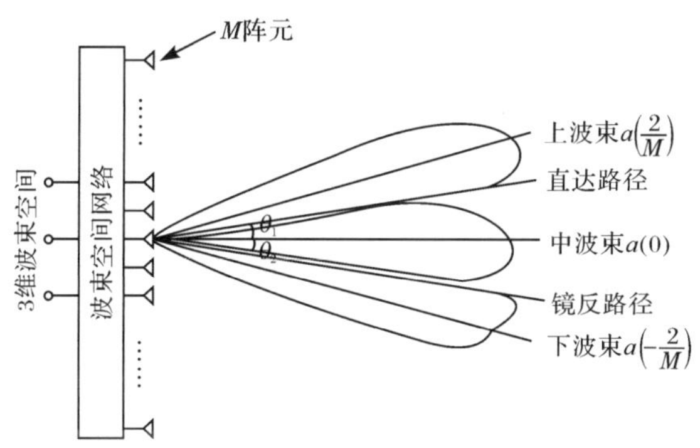

图 1.13 阵列结构与三波束示意图

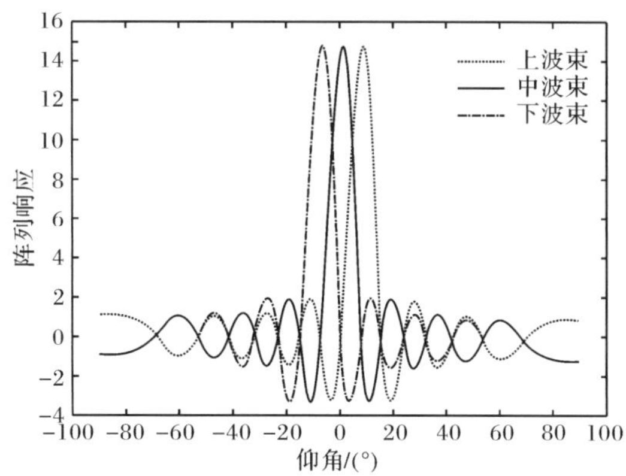

图 1.14 交叠三波束方向图

1.3.5 精确多径模型法

多径传播机理模型方面的进展导致了雷达低角跟踪系统更高层次的复杂性。与利用基于特征分解的阵列超分辨来分离目标与其镜像的思路不同，文献[28]～[36]研究了基于ML估计的多频阵列信号处理解决方案，基于传播介质和电磁环境建立了精确的多径机理模型，对多径的精确建模有利于目标高度的估计。该思路利用尽可能多的先验信息，减少模型中未知参量的数目，进而提高目标高度估计精度。采用该思路的研究机构有两家：加拿大渥太华国防研究院和加拿大McMaster大学，并且它们分别开发了实验系统，开展了外场实验研究。下面分别介绍它们的研究情况。

1. 加拿大渥太华国防研究院

文献[28]和[34]在精确的多径模型基础上采用ML估计来改善低角跟踪中目标高度的估计性能。该方法精度较高，然而带来的新问题是：出现高度模糊现象。主要原因是天线阵与其镜像构成干涉仪，并且相位中心间隔多个波长，进而导致其合成的天线方向图具有多主瓣结构，干涉仪的方向图具有周期性，主瓣的数目取决于干涉仪的电尺寸，如图1.15所示。理论上，最大的峰值对应目标的高度，但是所有的峰值间隔很小，并且峰值幅度相差不大，因此峰值的幅度信息不是可靠的指标，单频应用时出现高度模糊问题。

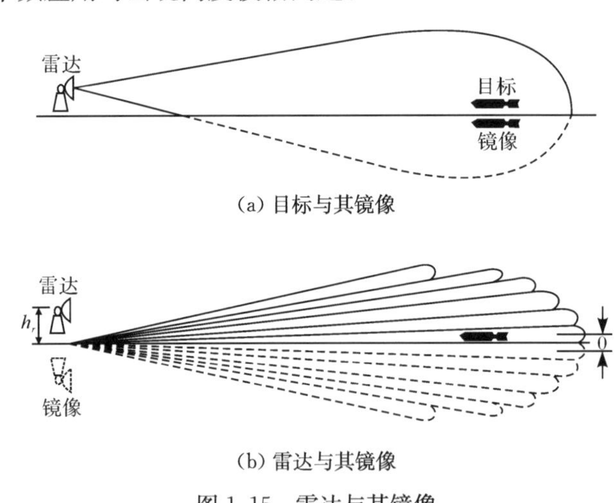

(a) 目标与其镜像

(b) 雷达与其镜像

图1.15　雷达与其镜像

采用频率分集是最好的解决高度模糊的方法，主要是基于这样的事实：干涉仪方向图随雷达工作频率的改变而发生变化，对应真实目标高度的峰值点不随频率变化或变化最小，虚假目标的峰值随频率的变化而显著变化。图1.16给出了不同频点对应的高度谱曲线。然而频率分集技术本身又将带来另一类模糊问题，即在两频点上峰值重合的问题。在此基础上又进行改进:采用频率捷变方法。并且正确选择雷达工作频点和带宽可以进一步改善系统性能，随捷变带宽和频点的增加，性能改善明显。

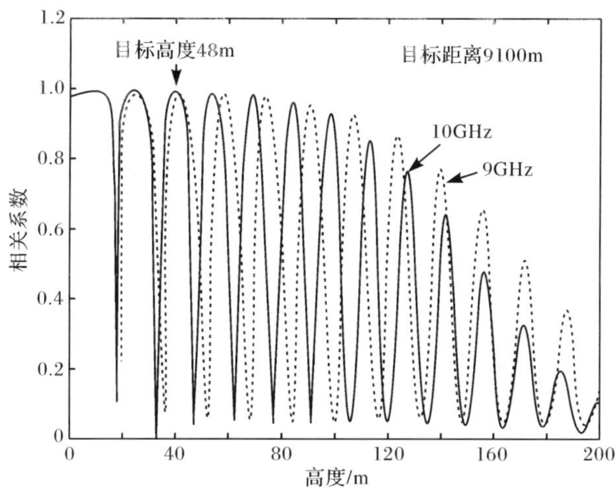

图 1.16 不同频率对于的高度谱曲线

文献[29]和[31]在多频分集体制下，比较了多信号分类(multiple signal classification，MUSIC)算法和 ML 算法的性能，研究表明:在高信噪比条件下两者性能接近，但是在低信噪比和快拍数较少的条件下，ML 算法要优于 MUSIC 算法。虽然典型的修正 MUSIC(refined MUSIC，RMUSIC)谱在解决高度模糊问题上展现较好性能，但是在 Monte Carlo 仿真中并没有转换为超越的性能，相反修正 ML (refined ML，RML)算法在多方面的表现优于 RMUSIC 算法，例如需要的快拍数少，速度快，并且相干积累可以进一步抑制杂波。

文献[32]和[33]比较了非相干多径条件下三种模型的性能:到达角(angle of arrival，AOA)模型;RML 模型;正交 RML(quadrature RML，QRML)模型，它相当于在 RML 模型的基础上增加了正交项，对应于镜面反射方向附近的漫反射。对于漫反射和非相干多径，QRML 比 RML 模型更精确地描述了物理现象，然而仿真结果表明:即使在非相干散射条件下 RML 的误差也较小。这主要归功于以下方面:第一，RML 利用了由雷达和其镜像构成的干涉仪的分辨特质，分辨力比 QRML 更高;第二，应用 RML 产生的模型误差导致有偏的估计，可以证明这些偏差实际上比 QRML 的方差更小;第三，RML 估计器对系统幅度、相位校准误差比 QRML 估计器更加不敏感。

文献[30]考虑了目标起伏因素对低角跟踪的影响，假定目标雷达散射截面

(radar cross section,RCS)服从 Swerling 起伏，利用 ML 估计准则推导得到新的估计器。在 Swering Ⅰ和Ⅱ型起伏条件下得到的高度谱与不起伏条件下的完全相同，在 Swerling Ⅲ和Ⅳ条件下，高度谱曲线比较复杂。总体而言，目标 RCS 起伏增加了高度估计误差。

为了探测低空飞机和掠海飞行的导弹，加拿大渥太华国防研究院开发低角跟踪实验验证系统(experimental low angle tracking,ELAT)。该系统包括八元均匀垂直线阵，阵列结构如图 1.17 所示，通过抛物柱面反射天线馈电。系统工作在 X 波段，采用频率分集体制，每个阵元连接两个接收通道，同时接收两个分离的频率，雷达工作在相干模式。

图 1.17　ELAT 接收天线阵

系统的具体参数如下：

探测距离：1～15km

峰值功率：65kW

发射管类型：两个磁控管

工作频率：8.6GHz 和 9.6GHz

发射波束宽度：2.4°×5.7°

发射增益：35dB

接收波束宽度：4.5°×17°

接收增益：25dB(单阵元)

极化方式：水平极化

阵元数:8

阵元间距:12.5cm

脉冲重复频率(pulse recurrence frequency,PRF):0.5kHz 和 1kHz

脉宽:1μs

信号处理系统包括目标检测、多普勒滤波、数字化、数据录取、角度估计等模块。信号处理流程如图 1.18 所示。

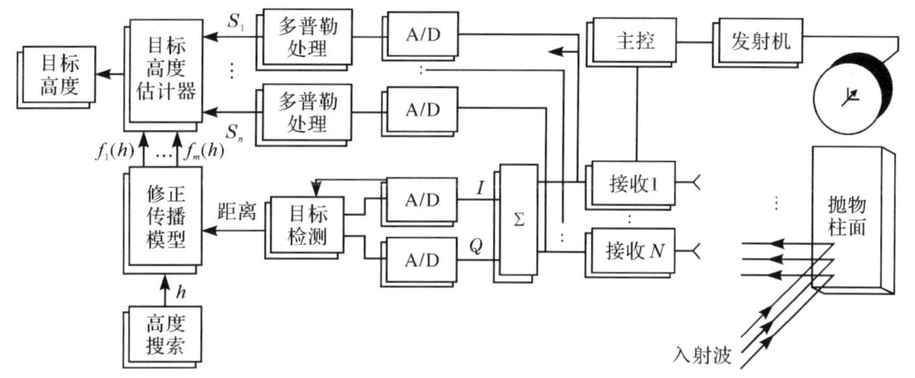

图 1.18　ELAT 雷达系统

1990 年 9 月在德国北部 Sylt 岛(北海)做了一系列实验研究,实验场地如图 1.19 所示。该岛提供了开阔的海面条件,并且海床较浅,容易在海底建立标杆。在海床上插入一根杆伸出海平面,将角反射器固定在杆上,角反射器相当于目标,实验配置如图 1.20 所示,P_1 和 P_2 为目标位置。实验研究中,海情从Ⅰ级变化到Ⅴ级,研究表明该系统在低角跟踪方面具有卓越的性能。

2. 加拿大 McMaster 大学

加拿大 McMaster 大学在加拿大国防部的支持下开展了低角跟踪实验研究,文献[35]报道了 McMaster 大学通信研究实验室研制的多参量自适应雷达系统(multiparameter adaptive radar system,MARS)及相关的研究情况,该系统也称为采样孔径雷达(sampled aperture radar,SAMPAR)。频率捷变可以增强跟踪雷达的性能,除了俯仰方向图零点填充、闪烁抑制、海面回波对消功能外,多频还有其他好处:第一,增加系统综合 SNR;第二,克服性能恶化,尤其在相位差为 0°和 180°时;第三,克服目标高度模糊问题;第四,提高目标距离分辨率。

在理论研究方面建立了相干两点源信号模型,模型仅考虑单路传播,尽管简单,但是有利于测试算法性能,有利于开展实验研究,并且单路传输模型很容易扩展到双路传输模型;另一方面建立信标系统比雷达系统更容易,代价更小,雷达系统需要复杂的发射与接收系统。宽带通道原则上可以看作一系列相邻窄带通道

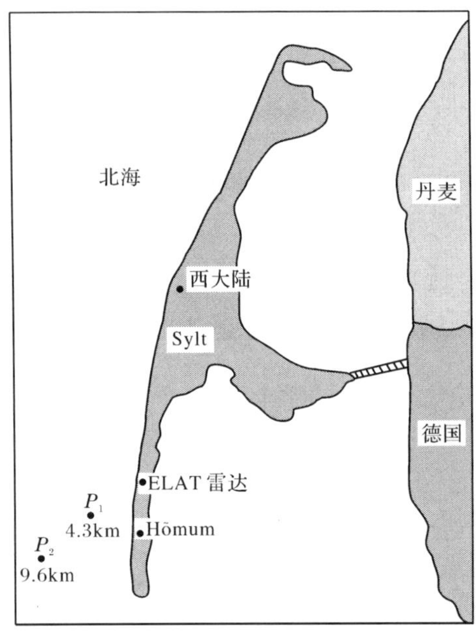

图 1.19　实验场地地图

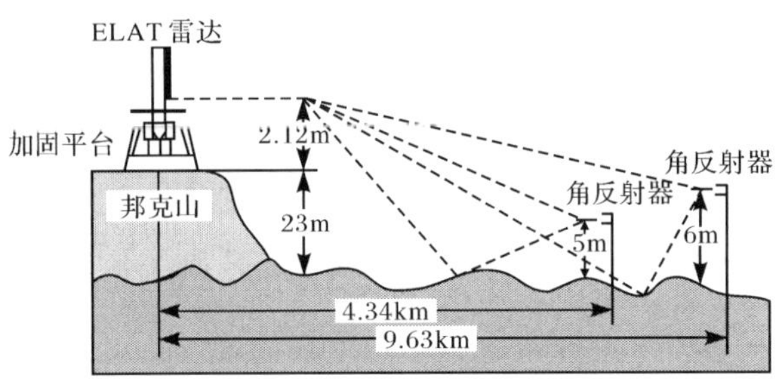

图 1.20　实验系统配置结构

的集合。该方法需要利用目标距离信息，要求雷达工作在搜索模式，后续的估计在目标检测之后。传统的预处理是需要的，如用多普勒滤波来抑制杂波，增强接收信号。本质上该方法与加拿大渥太华国防研究院提出的方法相同，利用多频技术抑制了目标虚假谱峰，解决了高度模糊问题。本方法的基础是镜面反射，当海情升高时，漫反射能量大于镜面反射能量，该方法性能恶化。当擦地角很小时，即使海情很高，相对波长的粗糙度仍然很小，漫反射能量很小，因此低角测高效果仍然很好。另外可以通过时间平均来提高镜面漫反射能量比，但是漫反射去相关时间也限制了雷达采样速率。也就是说，用来平均的快拍数受到限制。频率分集在一定程度上可以起到去相关的作用。当该方法失效时，又退回到单脉冲技术，因此需要在两者之间进行折中考虑。该系统具有宽带频率捷变能力，并且应用了精确的多径机理模型，多信号分辨能力超过了任何公开的报道。

文献[36]提出了海环境中基于前后向非线性预测的低角跟踪技术，新的高分辨算法用前后向非线性预测方法取代前后向线性预测。在多径环境中，认为漫反射信号是随机过程的一个样本函数，漫反射信号到达天线并且非相干叠加。另外，漫反射信号更接近混沌信号而非时域和空域相关的随机信号，也就是说漫反射分量应该看作非高斯的未知噪声信号。在高斯环境中，线性预测是最优的，而在非高斯环境中，非线性预测常用来提取更高阶的信息。实测数据处理结果表明，前后向非线性预测方法优于改进的前后向线性预测方法。

开发的实验系统 MARS(SAMPAR)由发射机、垂直均匀线阵以及数据录取设备构成。用连续信标源代替目标回波。发射喇叭天线可以在塔台上自由滑动，相应的，直达与多径反射信号的夹角也发生变化。阵列雷达接收前端如图 1.21 所示。阵列经过精确几何校准，阵元位置几何公差为 0.1mm，系统工作在三个频率对，这六个频点的选择没有特殊原因。除了双频数据外，多频数据的录取并非同时，中间间隔了若干秒，假定在该间隔内传播环境没有变化。系统还装备了气象传感器，实时记录海情的变化。该系统的具体参数指标如下：

阵列形式：垂直均匀线阵

阵元数：32

阵列天线中心高度：8.8m

信标源：100MW 连续波

发射天线：喇叭

极化：水平

孔径：1.82m

增益：10dB

信标高度：3.5～18.5m

仰角：0.09～0.5 倍波束宽度

距离：4.6km

数据采样率：62.5Hz

量化位数：12

工作频率对：8.05GHz，10.2GHz；8.62GHz，11.02GHz；9.22GHz，11.32GHz

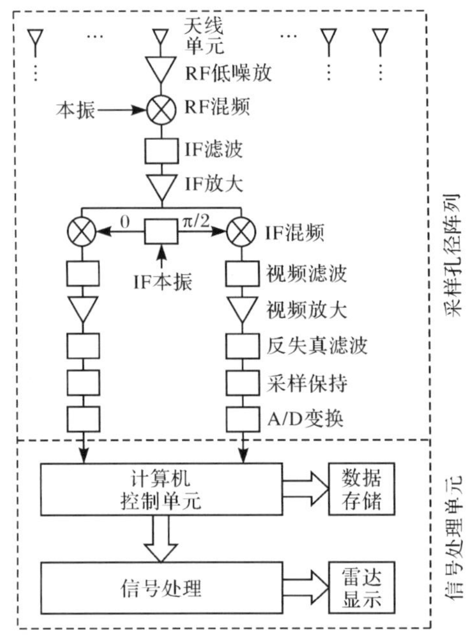

图 1.21　阵列雷达接收前端

1987 年 10 月,在加拿大安大略省布鲁斯半岛西海岸进行了一系列实验,实验系统几何关系如图 1.22 所示。实验地点远眺休伦湖,选择该地点主要是因为西风、浅海和远距离迂回休伦湖三个因素导致的高海情。实验目的是获得用于评估雷达低角跟踪高分辨算法的数据。MARS 系统在各种气象和海情条件下录取多径数据,浪高约 1.5～2.0m。实验结果表明,该方法可以分辨 1/10 波束宽度内的信号,多信号分辨能力超过了任何公开的报道,实际测量性能指标参见表1.1。

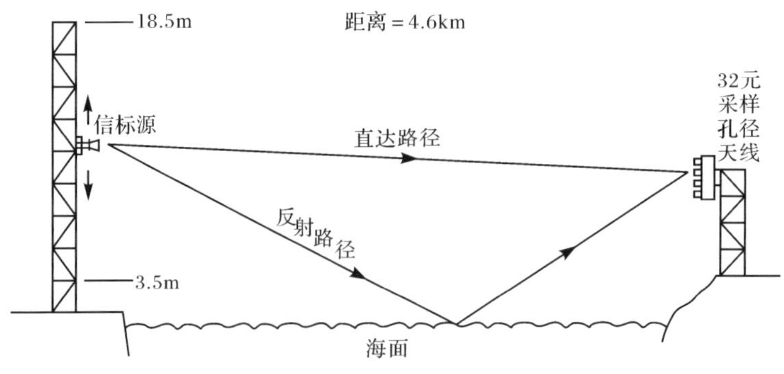

图 1.22　实验系统几何结构图

表 1.1 McMaster 大学实验结果

目标高度/m	角间隔(%波束宽度)	双频率		四频率		六频率	
		均值/m	方差/m²	均值/m	方差/m²	均值/m	方差/m²
18.5	50	18.91	0.0079	18.48	0.0163	18.38	0.0105
15.5	40	15.05	0.0256	14.76	0.0064	14.80	0.0060
13.1	32	12.74	0.0073	12.51	0.0048	12.56	0.0048
9.5	25	9.40	0.4275	9.24	0.0015	8.95	0.0016
6.5	16	5.66	0.0578	5.49	0.0535	5.58	0.0297
4.3	11	4.11	0.0813	4.07	0.0543	4.17	0.0328
3.5	9	4.14	0.0747	3.49	0.0504	3.51	0.0307

1.3.6 极化分集法

以色列本·古里安(Ben-Gurion)大学研究了多径环境中利用矢量传感器阵列进行信号源定位的问题[37],矢量传感器阵列结构如图 1.23 所示,每个阵元包含三个正交的偶极子和三个正交的电流环,阵元沿垂直方向均匀放置。提出了极化平滑(polarization smoothing algorithm,PSA)预处理算法来消除直达与多径信号的时域相干性,然后再利用特征分解类高分辨谱估计算法估计信号的到达角。和空间平滑、前后向平均算法相比,该方法不受限于阵列结构,并且没有减小阵列的有效孔径。极化平滑去相关的基本原理是:不同类型极化通道信号提供了空间导向矢量的不同线性组合,对于相干信号源,同一极化阵列信号的协方差矩阵的秩是 1,是欠秩的,但是多种极化对应的阵列信号协方差矩阵平均后得到的矩阵就变成满秩了,也就是说不同极化通道获得的信息有助于获得信号的测量空间,在这个空间中信号不完全相干的。图 1.24 给出了三个相干源的 MUSIC 谱和 PSA-MUSIC 谱,可以看出,经过 PSA 预处理后,去除了信号的相干性,得到了尖锐的谱峰。

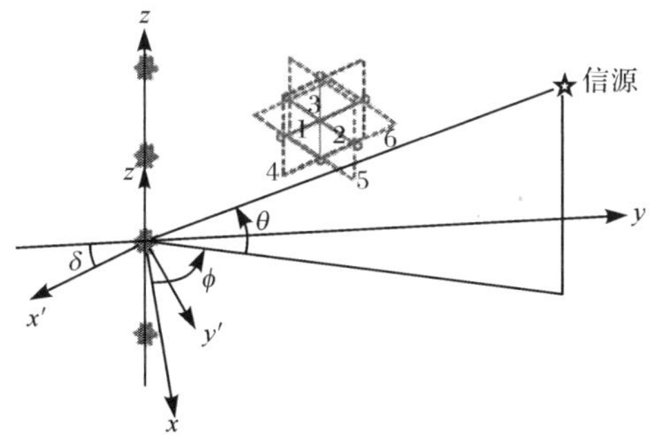

图 1.23 矢量传感器阵列

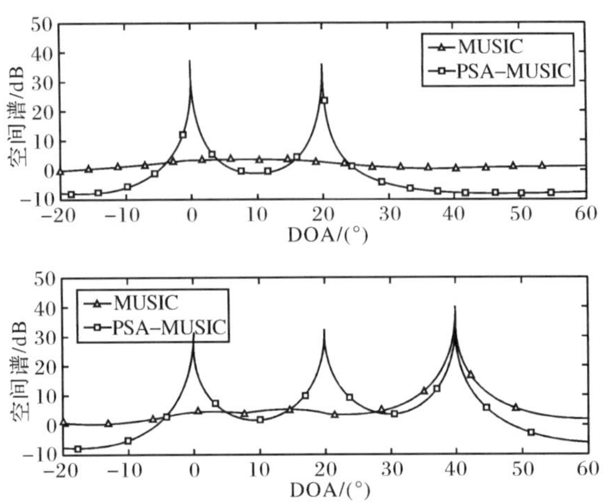

图 1.24　MUSIC 算法与 PSA-MUSIC 算法比较

韩国科学技术大学(KAIST)进一步研究了矢量传感器在低角跟踪中的应用[38],并与频率分集方法进行比较,研究表明:极化分集可以克服频率分集的种种限制条件,避免频率分集在直达信号和反射信号相位差为 0°和 180°时性能恶化的现象,极化分集方法与未知的复反射系数无关,与直达与多径信号相位差无关,并且极化分集体制的仰角估计性能优于频率分集体制的性能,即使在快拍数较少的情况。在实际应用中,对于单个低仰角的目标,只要两个偶极子天线就可以对两个相干信号去相干,达到精确估计目标高度的目的。图 1.25 给出了相位差为 0°和 180°时极化分集与频率分集的性能比较,表明极化分集具有非常明显的优势,图中 RMSE 表示均方根误差(root-mean-square error)。

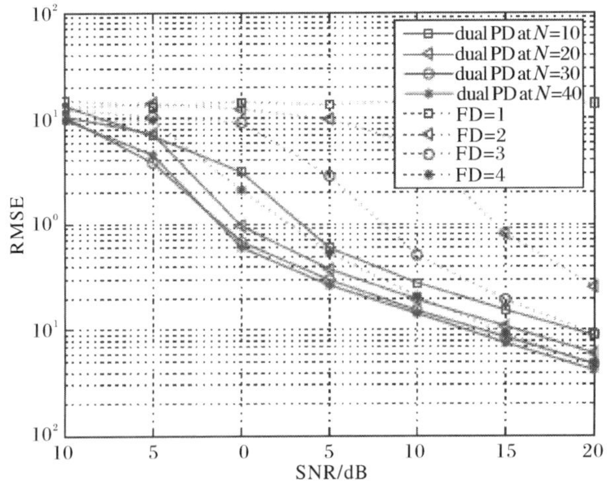

(a) 相位差 0°时估计性能

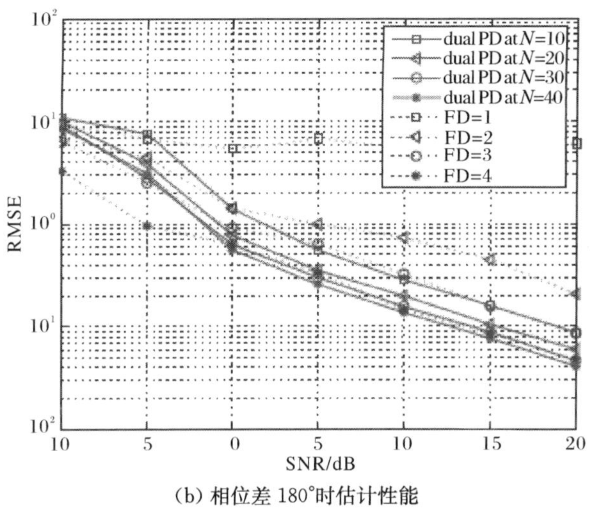

(b) 相位差 180°时估计性能

图 1.25 极化分集和频率分集性能比较图

美国华盛顿州立大学著名学者 Arye 长期从事矢量传感器阵列信号处理方面的研究，最近又研究了基于极化敏感传感器阵的海面多径条件下信号源被动定位问题[39]，核心是利用多径几何关系。提出了通用的极化信号模型，该模型考虑了反射波与直达波的干涉效应。给出了电磁矢量传感器阵列(electromagnetic vector sensor array)、分布式电磁分量阵列(distributed electromagnetic component array)、分布式电偶极子阵列(distributed electric dipole array)角度估计的克拉美劳界(CRB)和均方角误差界(MSAE)，证明了极化敏感传感器阵列比传统标量阵列在低角跟踪中的性能优势。传感器几何结构如图 1.26 所示。

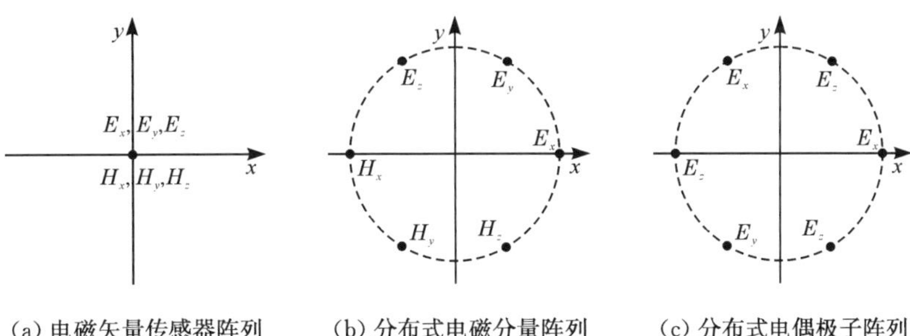

(a) 电磁矢量传感器阵列 (b) 分布式电磁分量阵列 (c) 分布式电偶极子阵列

图 1.26 传感器几何结构

1.3.7 研究概况

国外关于低角跟踪问题的研究大多集中在 X 波段，并且是对海观测，海面的反射特性有成熟的理论与实验研究结果。X 波段低角跟踪技术的主要目标就是解决高度模糊问题。加拿大渥太华国防研究院和加拿大 McMaster 大学研制了实验验证系统,并且开展了实验研究,1995 年以后就没有后续的研究报道了,可能是技术突破后转向产品生产了。而对于陆基米波雷达低角跟踪问题,国际上研究的较少,国内有部分学者对其进行探讨[40~42]。其难点在于米波波段地面反射特性依赖于地面覆盖介质的特性,地面反射特性未知且时变,并且预测困难。

另外,从反射机理来看,大部分研究的模型基础是镜面反射机理,只有少量文献[43,44]涉及漫反射机理,漫反射条件下低角跟踪也是该领域的难点。

1.4 本书概貌

针对阵列雷达体制,系统深入地研究了低角跟踪技术。首先,研究了多径反射机理,并建立了多径条件下阵列信号接收模型。然后,提出并实现了三大类八种低角跟踪方法,并通过仿真和实测数据对方法进行检验,得出测角性能与诸因素的关系。最后,对各种方法进行综合对比,并指出进一步研究的方向。具体安排如下。

第一章绪论,分析总结了低角跟踪的相关概念。对低角跟踪问题进行界定,分析了低角跟踪的技术难点与多径误差的成因,总结了低角跟踪问题的军事需求,归纳了低角跟踪的技术途径以及阵列雷达低角跟踪的研究现状。

第二章多径机理与模型,研究了多径反射机理以及阵列雷达回波建模问题。首先给出了菲涅尔区的定义以及反射面起伏程度的瑞利判据。然后系统总结了镜面反射机理和漫反射机理问题。最后针对地基/舰载雷达应用建立了多径条件下阵列接收信号模型。

第三章对称波束法,针对阵列雷达研究并实现了对称波束单脉冲方法。设计了最优对称差波束,通过数字波束形成(digital beam forming,DBF)得到对称的和波束、差波束,进而实现对称波束单脉冲测角。然后通过仿真分析了对称波束单脉冲测角性能与 SNR、目标仰角以及复反射系数的关系。最后用实测数据验证了方法的有效性。

第四章双零点法,针对阵列雷达研究并实现了双零点单脉冲法。从 ML 估计原理出发,推导了双零点单脉冲测角法。通过数字 DBF 实现双单脉冲系统修正和波束方向图、修正差波束方向图,进而实现双零点单脉冲测角。然后通过仿真分析了双零点单脉冲测角性能与 SNR、目标仰角以及复反射系数的关系。最后用实测数据验证了方法的有效性。

第五章子空间匹配法,研究了阵列雷达低角跟踪阵元域处理方法。利用 ML 估计原理推导了子空间匹配算法,得到了 ML 空间谱,搜索出目标仰角之后进一步估计未知的复反射系数。通过仿真分析了仰角测量性能与 SNR、目标仰角以及复反射系数的关系。利用实测数据检验了该算法的性能，并量化分析了该方法失效的原因。

第六章子孔径法，研究了阵列雷达低角跟踪子阵级降维处理方法。首先采用均匀子阵划分形成三个子阵。然后在子阵级解析求出协方差矩阵的正交矢量，进而构造仰角谱。估计出目标仰角后估计复反射系数。通过仿真分析了仰角估计性能与 SNR、目标仰角以及复反射系数的关系。最后用外场实测数据验证了方法的有效性。

第七章波束域法，研究了阵列雷达低角跟踪波束域降维处理方法。首先利用快速傅里叶变换(fast Fourier transform，FFT)形成上、中、下三个正交波束。然后在波束域解析求出协方差矩阵的正交矢量，进而构造仰角谱；估计出目标仰角后估计复反射系数。通过仿真分析了仰角估计性能与 SNR、目标仰角以及复反射系数的关系。最后用外场实测数据验证了方法的有效性。

第八章空间平滑法，研究了基于空间平滑预处理去相干技术的低角跟踪方法。首先给出空间平滑算法进行解相干的原理与解相干性能。然后，给出了基于空间平滑的 MUSIC 空间谱估计算法。通过仿真分析了基于前向平滑算法的 MUSIC 法的角度估计性能与子阵数、SNR、目标仰角以及复反射系数之间的关系。最后用外场实测数据验证了方法的有效性。

第九章频率分集法，研究了舰载 X 波段阵列雷达低角跟踪问题。首先分析了频率分集去相干的基本原理，给出了相关系数与带宽或相对带宽的关系。其次针对宽带多频体制建立了多径条件下阵列接收信号模型。然后分复反射系数已知和未知两种情况推导了多频极大似然仰角谱，并比较了两者的关系，揭示了多频体制的性能优势，分析了系统带宽、频率间隔以及天线高度对仰角谱的影响。最后通过仿真研究了仰角估计性能与 SNR、目标仰角的关系。

第十章极化平滑法，研究了极化敏感阵列在米波雷达低角跟踪中的应用问题。首先在甚高频(very high frequency，VHF)波段地面复反射系数规律的基础上建立了多径条件下极化敏感阵列接收信号模型。然后分析了极化平滑的原理和去相干效能，在此基础上开发了基于极化平滑的 MUSIC 空间谱估计算法。最后给出了仰角估计性能与 SNR、目标仰角以及极化角的关系。

第十一章结束语。详细对比分析了各种方法的性能、特点以及实现代价，并指出了值得进一步研究的方向。

参考文献

[1] White W D. Low-angle radar tracking in the presence of multipath. IEEE Transactions on AES,1974,10:835-852.

[2] Barton D K. Low-angle radar tracking. IEEE Proceedings,1974,62(6):687-704.

[3] Shalom Y B,Kumar A,Blair W D,et al. Tracking low elevation targets in the presence of multipath propagation. IEEE Correspondence,1994:973-979.

[4] Sinha A,Shalom Y B,Blair W D,et al. Radar measurement extraction in the presence of sea-surface multipath. IEEE Transactions on AES,2003,39(2):550-566.

[5] Yuki T,Takashi M,Hiroshi K. Altitude estimation method using assumed altitude reliability based on multipath propagation model//Proceedings of the SICE Annual Conference,2010:2196-2201.

[6] Skolnik M I. Introduction to Radar System. 3rd ed. New York:McGraw-Hill,2001.

[7] Heiner K. VHF/UHF radar part 1:Characteristics. Electronic and Communication Engineering,2002,(4):61-72.

[8] Heiner K. VHF/UHF radar part 2:Operational aspects and applications. Electronic and Communication Engineering,2002,(6):101-111.

[9] 郦能敬. 预警机系统导论. 北京:国防工业出版社,1998.

[10] Sherman S M. Complex indicated angles applied to unresolved radar targets and multipath. IEEE Transactions on AES,1971,7(1):160-170.

[11] Howard D D. Experimental results of the complex indicated angle technique for multipath correction. IEEE Transactions on AES,1974,10 (6):779-786.

[12] Shang S,Zhang S H. Investigation on low-angle tracking technique for HRR radar//Proceedings of IEEE Radar Conference,2001:839-842.

[13] Mangulis V. Frequency diversity in low-angle radar tracking. IEEE Correspondence,1981:149-153.

[14] Yu K B. Recursive super-resolution algorithm for low-elevation target tracking in multipath. IEE Proceedings of RSN,1994,141(4):223-228.

[15] Peyton Z,Peebles J R. Multipath angle error reduction using multiple-target methods. IEEE Transactions on AES,1971,7(6):1123-1130.

[16] Peyton Z,Peebles J R. Further results on multipath angle error reduction using multiple-target methods. IEEE Transactions on AES,1973,9(5):654-659.

[17] Barton D K. Radar System Analysis and Modeling. Norwood:Artech House,2005.

[18] Jen K J. A matched array beam forming technique for low angle radar tracking in multipath. //Proceedings of the 1994 National Radar Conference,1994:171-176.

[19] Cantrell B H,Gordon W B,Trunk G V. Maximum likelihood elevation angle estimates of radar targets using subapertures. IEEE Transactions on AES,1981,17(3):213-221.

[20] Gordon W B. Improved three subaperture method for elevation angle estimation. IEEE Transactions on AES,1983,19(1):114-122.

[21] Kesler J, Haykin S. A new adaptive antenna for elevation angle estimation in the presence of multipath. IEEE AP-S. Digest,1980:130-133.

[22] Edward C,Du F. An adaptive low-angle tracking system. IEEE Transactions on AP,1981, 29(5):766-772.

[23] Haykin S,Sc B,Sc D,et al. Adaptive canceller for elevation angle estimation in the presence of multipath//IEE Proceedings of Pt. F,1983,130(4):303-308.

[24] Haykin S. Least squares adaptive antenna for angle of arrival estimation. IEEE Proceedings 1984,72(4):528-530.

[25] Lee T S,Zoltowski M D. Beamspace domain ML based low angle radar tracking with an array of antennas. IEEE AP-S. Digest,1989,2:663-666.

[26] Zoltowski M D,Lee Ta-Sung. Maximum likelihood based sensor array signal processing in the beamspace domain for low angle radar tracking. IEEE Transactions on SP,1991,39(3): 656-671.

[27] Zoltowski M D,Lee Ta-Sung. Beamspace ML bearing estimation incorporating low-angle geometry. IEEE Transactions on AES,1991,27(3):441-458.

[28] Bosse E,Turnmer R M. Height ambiguities in maximum likelihood estimation with a multipath propagation model//Proceedings of the 22nd Asilomar Conference on Signals,Systems and Computer,1988,2:690-695.

[29] Bosse E,Turner R M,Rody J. The use of propagation modeling in MUSIC and maximum likelihood for low-angle tracking. Conference Record of the Twenty-Fourth Asilomar Conference on Signals,Systems and Computers,1990:193-198.

[30] Eloi B,Ross M T,Michel L. Tracking swerling fluctuating targets at low altitude over the sea. IEEE Transactions on AES,1991,27(5):806-822.

[31] Eloi B,Ross M T,Brookes D. Improved radar tracking using a multipath model:maximum likelihood compared with eigenvector analysis. IEE Proceedings of RSN, 1994, 141(4): 213-222.

[32] Eloi B,Ross M T,Denis D. Low-angle tracking in the presence of ducting,coherent and incoherent multipath. Defence Research Establishment Ottawa (Ontario),ADA289838,1994.

[33] Eloi B,Boss M T. Model-based multifrequency array signal processing for low-angle tracking. IEEE Transactions on AES,1995,31(1):194-210.

[34] Litva J. Use of highly deterministic model in signal bearing estimation. Electronics Letters, 1989,25 (5):163-171.

[35] Lo T,Litva J. Low angle tracking using a multi-frequency sampled aperture radar. IEEE Transactions on AES,1991,27(9):797-805.

[36] Titus L,Henry L,John L. Low-angle radar tracking in a naval environment using a forward-backward nonlinear prediction method. IEEE Transactions on OE,1994,19(3):468-475.

[37] Rahamim D, Tabrikian J, Shavit R. Source localization using vector sensor array in a multipath environment. IEEE Transactions on SP, 2004, 52(11): 3096-3103.

[38] Hyochul K, Eunjung Y, Joohwan C. Vector sensor arrays in DOA estimation for the low angle tracking//Proceedings of the International Conference Waveform Diversity and Design, 2007: 183-187.

[39] Martin H, Arye N. Performance analysis of passive low-grazing-angle source localization in maritime environments. IEEE Transactions on AES, 2007, 43(10): 780-789.

[40] Chen J W, Chen H. A space-time beam-space ML algorithm for low-angle tracking. IEEE Antennas and Propagation Society Symposium, 2004, 3: 3245-3248.

[41] Chen J W, Xu D H, Liu B Q. Performance analysis of meter band radar height-finding approach for low-angle tracking. International Symposium on Intelligent Signal Processing and Communications, 2006: 657-660.

[42] Wang B H, Meng L Q, Cao X M. Array calibration for radar low-angle tracking based on electromagnetic matched field processing. IEEE Transactions on AP-S, 2008: 1406-1409.

[43] Swindlehurst A L, Petre S. Radar signal processing with antenna arrays via maximum likelihood. Conference Record of the Thirty-First Asilomar Conference on Signals, Systems and Computers, 1997: 1219-1223.

[44] Swindlehurst A L, Petre S. Maximum likelihood methods in radar array signal processing. IEEE Proceedings, 1998, 86(2): 421-441.

第二章　多径机理与模型

2.1 引　　言

本章主要研究地/海面多径反射机理与阵列雷达信号建模问题，即在已知阵列雷达参数和电磁环境条件下确定阵列雷达的响应。该问题属于正问题，是后续章节目标仰角测量问题研究的基础。首先给出多径条件下阵列雷达与目标之间的几何关系，给出菲涅尔区的定义以及反射面起伏程度的瑞利判据；然后系统总结镜面反射机理和漫反射机理；最后针对地基/舰载雷达应用建立多径条件下阵列接收信号模型。

需要说明的是，多径机理的研究属于雷达目标与环境特性的范畴，理论比较复杂，并且仍然在实验研究的推动下不断更新[1~3]。本章从阵列处理应用的角度出发，在多径反射机理基础上建立功能性描述模型。

2.2 多径几何关系

在多径问题中，反射信号与直达信号的相位差与路程差和复反射系数有关，复反射系数又与擦地角有关，因此在对多径信号建模之前，必须对雷达-目标几何关系进行详细分析。本节按照雷达和目标的高低程度以及目标远近划分为三种情况展开讨论。

2.2.1 理想平面反射

理想平面反射比较简单，容易解释多径原理。理想平面反射模型适用于雷达和目标高度均“较低”，并且距离“较近”的场合，比如在湖面或海面开展多径实验的场景，雷达和目标高度均在米量级，目标距离在公里量级。

设雷达高度为 h_R，目标高度为 h_T，水平距离为 G，根据图 2.1 所示的几何关系，并利用条件 $G \gg h_T, h_R$，可得雷达信号的直达路径和反射路径长度分别为

$$R_d = \sqrt{G^2 + (h_T - h_R)^2} \approx G + \frac{(h_T - h_R)^2}{2G} \tag{2.1}$$

$$R_i = \sqrt{G^2 + (h_T + h_R)^2} \approx G + \frac{(h_T + h_R)^2}{2G} \tag{2.2}$$

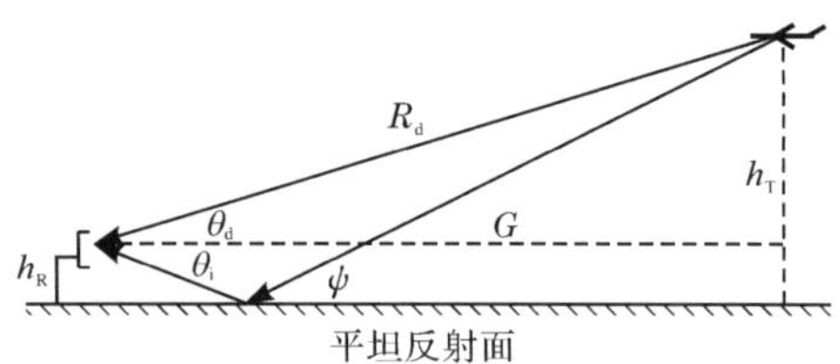

图 2.1　理想平面反射示意图

因此，直达与多径路程差为

$$\Delta R = R_i - R_d \approx \frac{2h_T h_R}{G} \tag{2.3}$$

实际上，雷达高度和目标高度互换，路程差不变，这一点对于平面反射和球面反射都成立。

2.2.2　近似平面反射

近似平面反射适用于雷达高度"较低"，目标高度"较高"，并且距离"较远"的场合。比如地基或舰载雷达，雷达高度在米级，目标高度在公里级，目标距离在百公里级。

如图 2.2 所示，此时反射点非常靠近雷达，在雷达天线处作一平面与地球表面相切，令修正目标高度为目标到该切平面的距离，则

$$h'_T = h_T - \frac{R_d^2}{2R_E} \tag{2.4}$$

其中，R_E=8500km 为等效地球半径，约为地球物理半径的 4/3 倍，利用等效地球半径的目的是克服大气折射现象。

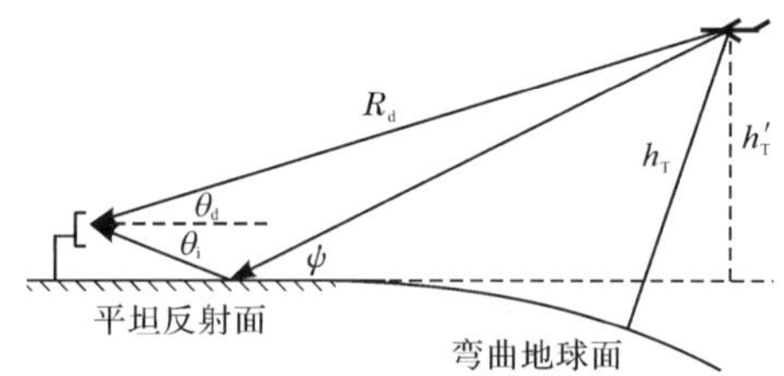

图 2.2　近似平面反射示意图

当目标仰角较低时，水平距离为

$$G = \sqrt{R_d^2 - h_T'^2} \approx R_d \tag{2.5}$$

代入式(2.3)可得路程差为

$$\Delta R \approx \frac{2h_R h'_T}{G} = \frac{2h_R h_T}{R_d} - \frac{h_R R_d}{R_E} \tag{2.6}$$

当目标位于无穷远处时，可以认为直达射线与多径射线平行，入射角 θ_d 与反

射角 θ_i 绝对值相等，均等于擦地角 ψ，并且直达波和反射波均可以认为是平面波。该结论对于陆基或舰载雷达非常重要、且实用。

$$-\theta_i=\theta_d=\psi \tag{2.7}$$

此时路程差近似等于

$$\Delta R\approx 2h_R\sin\theta_d \tag{2.8}$$

2.2.3　球面反射

当雷达高度“较高”，目标高度“较高”，并且距离“较远”时，近似平面反射模型不再适用，必须考虑地球曲率。球面反射模型适用于机载预警雷达对中/低空目标探测等应用场合，此时雷达高度和目标高度均为公里级，目标距离为百公里级。

如图 2.3 所示，雷达信号的直达路径和反射路径的距离差为

$$\Delta R=R_1+R_2-R_d \tag{2.9}$$

不加推导直接给出结论(具体推导见附录 2A)

$$\Delta R=\frac{R_1R_2\ \sin^2\psi_g}{R_1+R_2+R_d} \tag{2.10}$$

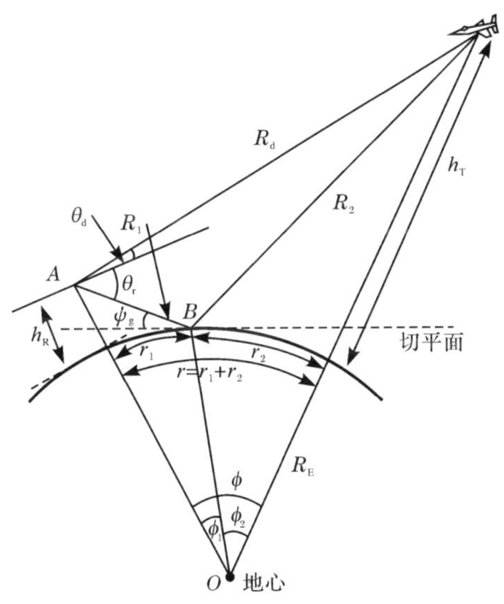

图 2.3　球面反射示意图

2.3　菲涅尔区及瑞利判据

在多径条件下，地/海面反射回波包含两部分：镜面反射回波和漫反射回波，如图 2.4 所示。当反射面“光滑”时，以镜面反射为主，漫反射可以忽略。随着地

面粗糙度的增加，镜面反射能量逐渐减小，漫反射回波逐渐占主要部分，镜面反射功率和漫反射功率通常呈反比关系，镜面反射功率和漫反射功率比取决于地面粗糙度和擦地角。

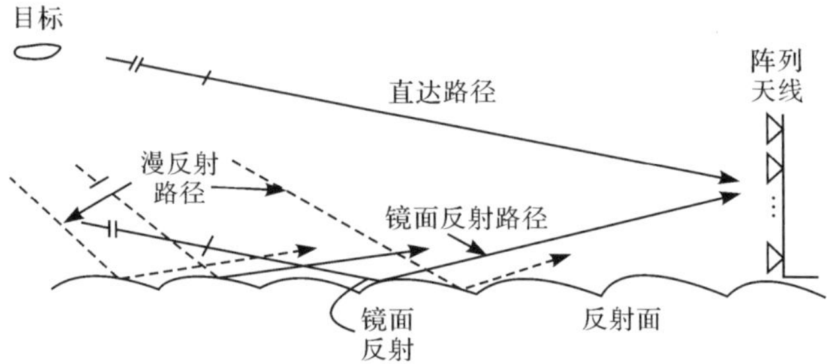

图 2.4　多径条件下目标回波示意图

反射面是否“光滑”主要取决于第一菲涅尔反射区内反射面起伏程度，本节将详细给出菲涅尔区的定义以及瑞利判据。

2.3.1　菲涅尔区

反射面的菲涅尔区是根据反射点引起的多径波程差来定义的。如图 2.5 所示，菲涅尔区的第 n 个区的边界定义为具有比镜面反射路径长 $n\lambda/2$ 的反射路径。

$$AM+MB=AB+\frac{n}{2}\lambda,\quad n=1,2,\cdots \tag{2.11}$$

图 2.5 中给出了头三个菲涅尔区。

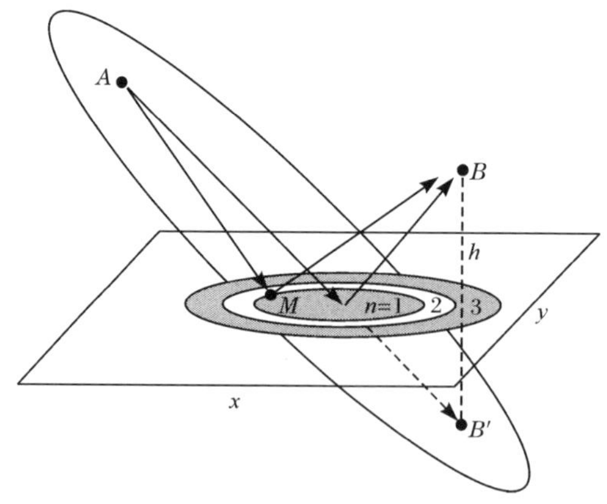

图 2.5　反射面菲涅尔区示意图

通常反射面远大于第一菲涅尔区，但多径反射能量大部分来自反射面的第一菲涅尔区，反射面的特性主要取决于第一菲涅尔区。

2.3.2 瑞利判据

如图 2.6 所示，当电磁波入射到粗糙表面时，由于表面起伏，“粗糙路径”的传播距离比“平坦路径”的传播距离长，如果该路程差引入的相位差小于$\frac{\pi}{2}$，即认为表面光滑，该准则称为瑞利判据[4,5]，即

$$\sigma_h < \frac{\lambda}{8\sin\psi} \tag{2.12}$$

其中，σ_h 为地面起伏度；ψ 为擦地角；λ 为雷达工作波长。某些条件下会采用更加严格的要求，即

$$\sigma_h < \frac{\lambda}{16\sin\psi} \tag{2.13}$$

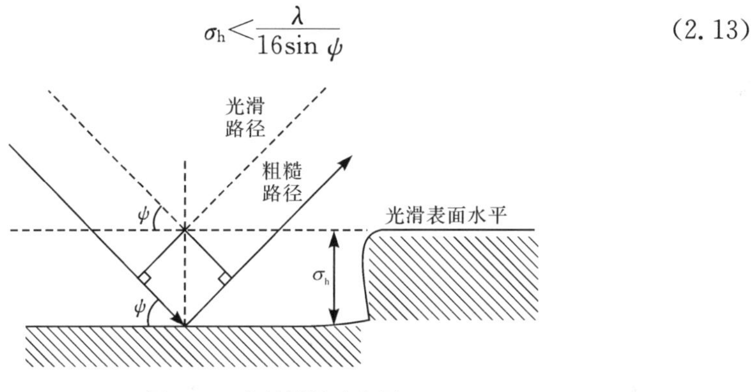

图 2.6 瑞利判据示意图

对雷达而言，反射面是“光滑”还是“粗糙”取决于擦地角和相对于雷达波长的地面起伏度。对于同一雷达阵地，雷达频率越低，反射面对电磁波的反射行为越趋于“光滑”，对于 X 波段是粗糙的，但是对于 VHF 波段很可能是光滑的。另一方面，对于给定雷达阵地与工作频段，擦地角越小，反射面对电磁波的反射行为越趋于“光滑”。

2.4 镜面反射机理

电磁波被地/海面反射后，电场幅度将衰减，相位将滞后。在总的反射系数中引起变化的因素有三个：镜面反射系数、发散因子和表面粗糙度因子。镜面反射系数仅适用于平坦、光滑表面，如果反射面是曲面，则反射系数将减小，如果反射面是粗糙的，将进一步衰减。总反射系数 ρ 通常是镜面反射系数(smooth surface reflection coefficient) Γ、发散因子 (divergence factor) ρ_D 和表面粗糙度因子 (surface roughness factor) ρ_S的乘积。

2.4.1 镜面反射系数

镜面反射系数[6] Γ 通常是雷达工作频率、极化方式、擦地角 ψ 以及表面介电常数等因素的函数。垂直极化和水平极化条件下镜面反射系数分别为

$$\Gamma_V=\frac{\varepsilon_c\sin\psi-\sqrt{\varepsilon_c-\cos^2\psi}}{\varepsilon_c\sin\psi+\sqrt{\varepsilon_c-\cos^2\psi}} \tag{2.14}$$

$$\Gamma_H=\frac{\sin\psi-\sqrt{\varepsilon_c-\cos^2\psi}}{\sin\psi+\sqrt{\varepsilon_c-\cos^2\psi}} \tag{2.15}$$

其中，ε_c 为复介电常数，$\varepsilon_c=\varepsilon_r-j60\lambda\sigma$；$\varepsilon_r$ 为反射面的相对介电常数；σ 为电导率。

从式(2.15)可以看出，当擦地角等于 90°时，

$$\Gamma_H=\frac{1-\sqrt{\varepsilon_c}}{1+\sqrt{\varepsilon_c}}=-\frac{\varepsilon_c-\sqrt{\varepsilon_c}}{\varepsilon_c+\sqrt{\varepsilon_c}}=-\Gamma_V \tag{2.16}$$

当擦地角很小($\psi\approx0°$)时，有

$$\Gamma_H=-1=\Gamma_V \tag{2.17}$$

图 2.7 给出了 X 波段海水的复反射系数曲线，其中海水温度为 28℃，$\varepsilon_c=65-j30.7$。

可以得出以下结论：

① 当擦地角很小时，水平极化的反射系数幅度等于 1，并且随着擦地角增大，幅度单调下降。

② 垂直极化反射系数幅度有明显的最小值，对应的角度称为 Brewster 角，$\psi_B=\arcsin\frac{1}{\sqrt{\varepsilon_r-1}}$，因此，机载雷达下视工作模式通常采用垂直极化以减小地/海面的反射。

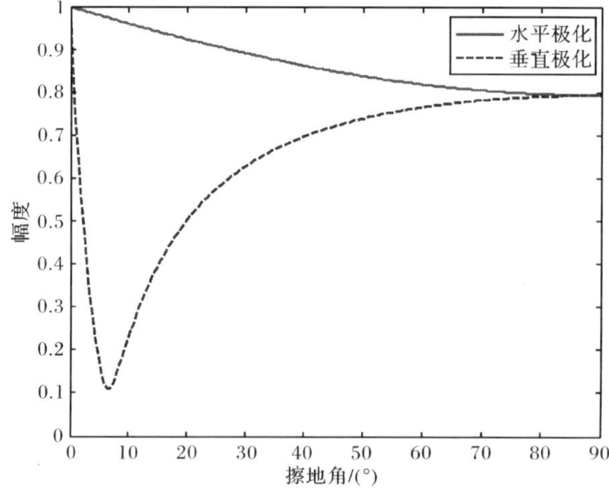

(a) 复反射系数幅度

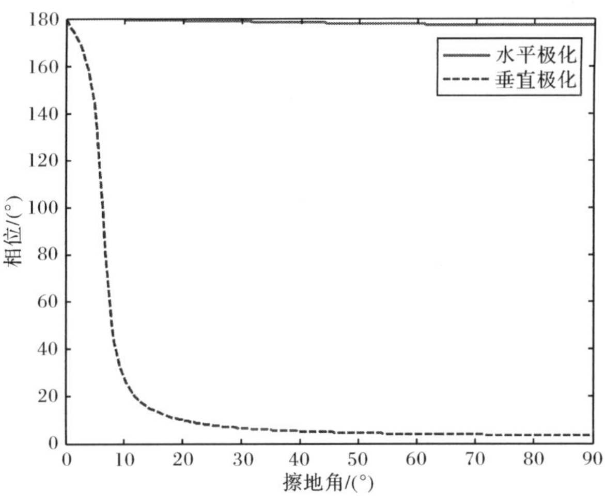

(b) 复反射系数相位

图 2.7　海平面复反射系数与擦地角关系曲线

③ 对水平极化，其相位几乎为 π，但是对于垂直极化，在 Brewster 角附近，相位迅速下降，并且接近零。

④ 对于非常小的擦地角（小于 2°），水平极化和垂直极化复反射系数幅度接近 1，相位接近 π。因此当擦地角很小时，水平极化和垂直极化波的传播几乎没有差别，直射射线与反射射线永远是精确对消的。雷达工程实践也证实这一点，若雷达目标反射波的擦地角接近 0°，此时目标不能被雷达检测到，这就是地面雷达和舰载雷达发现低空/超低空目标极为困难的原因。

表 2.1 给出了常见的反射面的电导率和相对介电常数。

表 2.1　不同反射面的电导率和相对介电常数

反射面	电导率	相对介电常数
混凝土(concrete)	2×10^{-5}	3
干地(dry ground)	1×10^{-5}	4
半干地面(medium dry ground)	4×10^{-2}	7
湿地(wet ground)	2×10^{-1}	30
淡水(fresh water)	2×10^{-1}	80
海水(seawater)	4	20

可以看出陆地的相对介电常数和电导率小于水的值，并且变化范围较大。干燥地面的电导率和相对介电常数较低，潮湿泥土的电导率和相对介电常数较高。

虽然雷达传播的基本理论很好理解，但是由于获取雷达工作环境的必要信息困难，在特定地点和特定时间上准确地量化预测并不容易做到。国际无线电咨询委员会(CCIR)推荐的一套地/海面反射系数图表在实际工程中十分有用[7]。图

2.8～图 2.11 分别给出了四类反射面(平均盐分海面、潮湿地面、中等干燥地面和甚干燥地面)、六个频点(0.1GHz、0.3GHz、1GHz、3GHz、6GHz、9GHz)、两种极化(水平、垂直)条件下镜面复反射系数幅度和相位与擦地角的关系曲线。

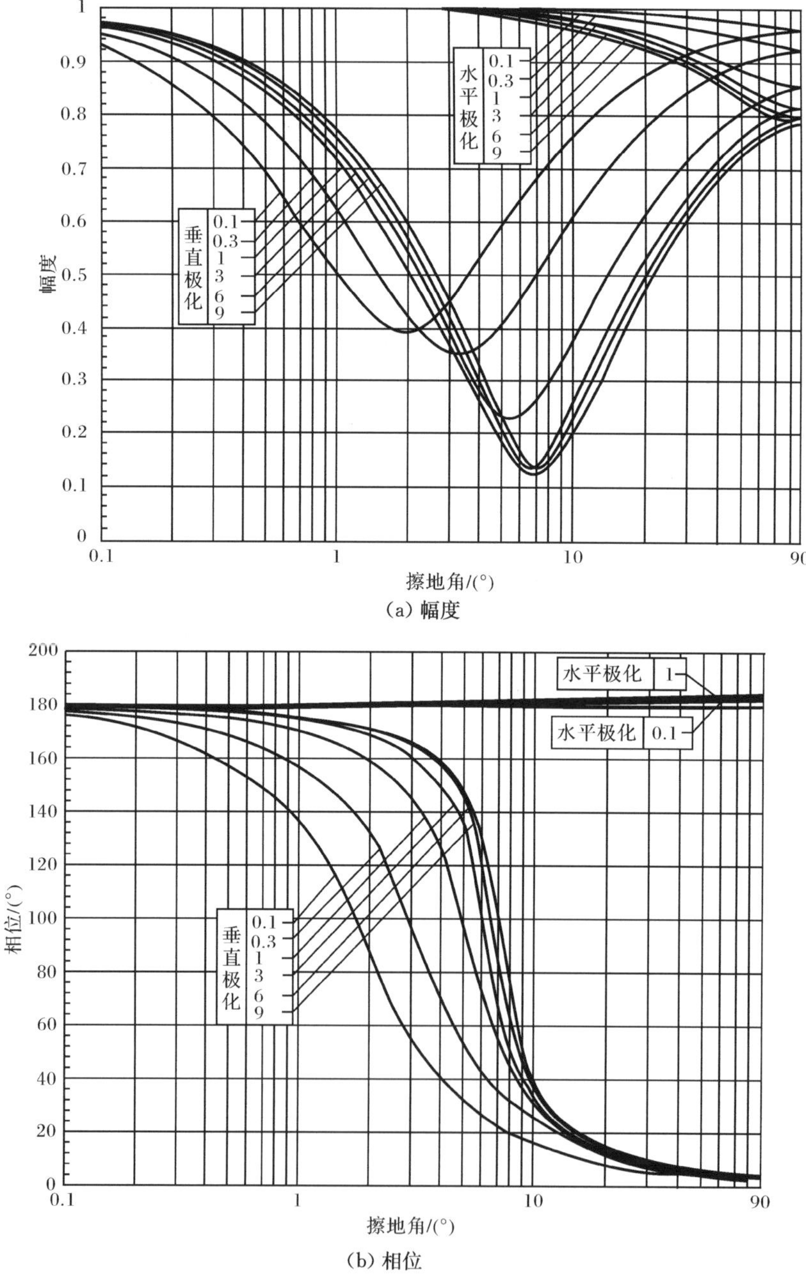

(a) 幅度

(b) 相位

图 2.8　平均盐分海面的镜面反射系数

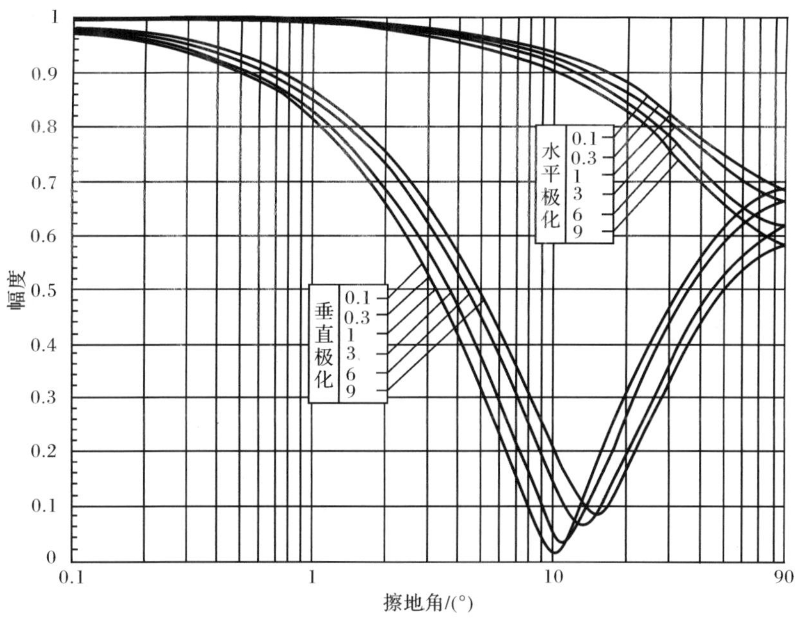

(a) 幅度

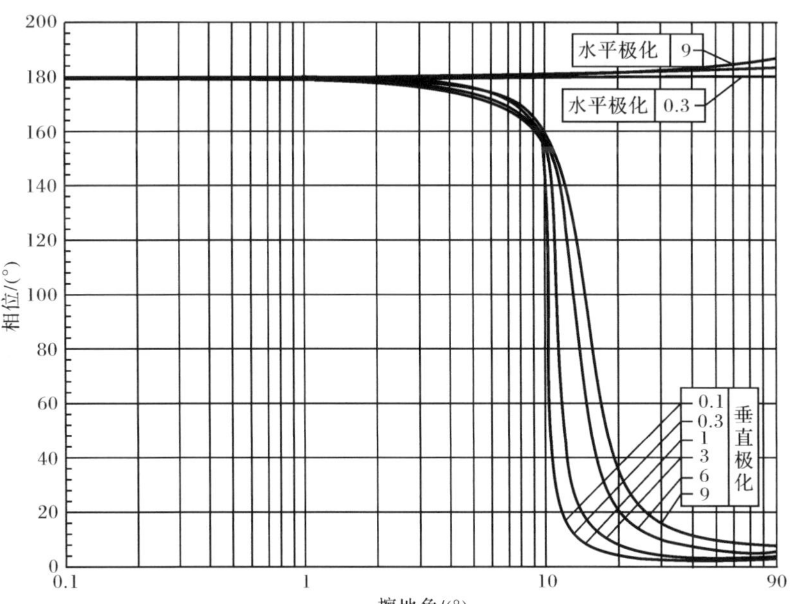

(b) 相位

图 2.9　潮湿地面的镜面反射系数

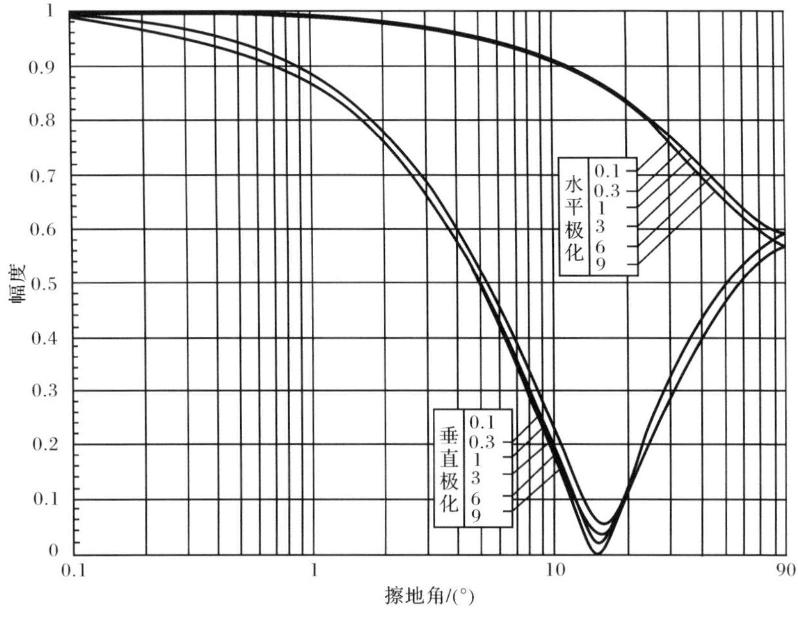

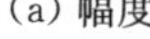
(a) 幅度

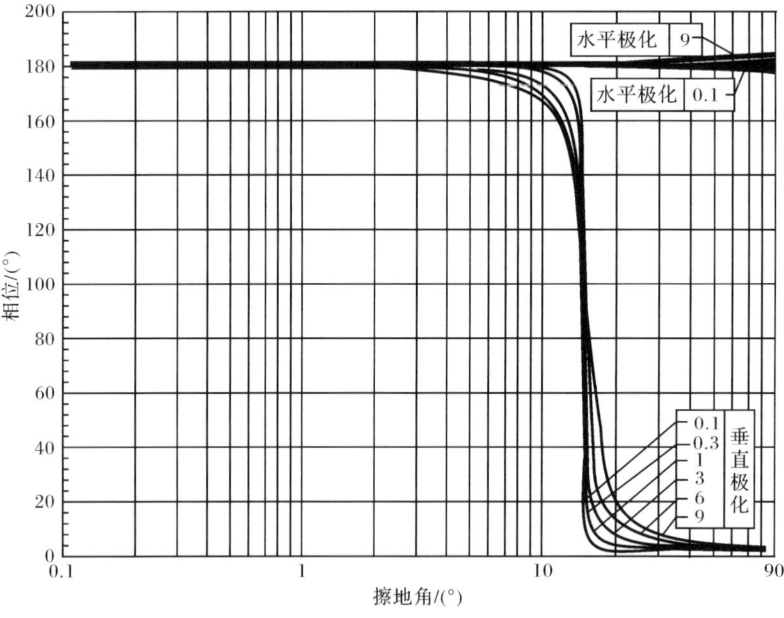

(b) 相位

图 2.10　中等干燥地面的镜面反射系数

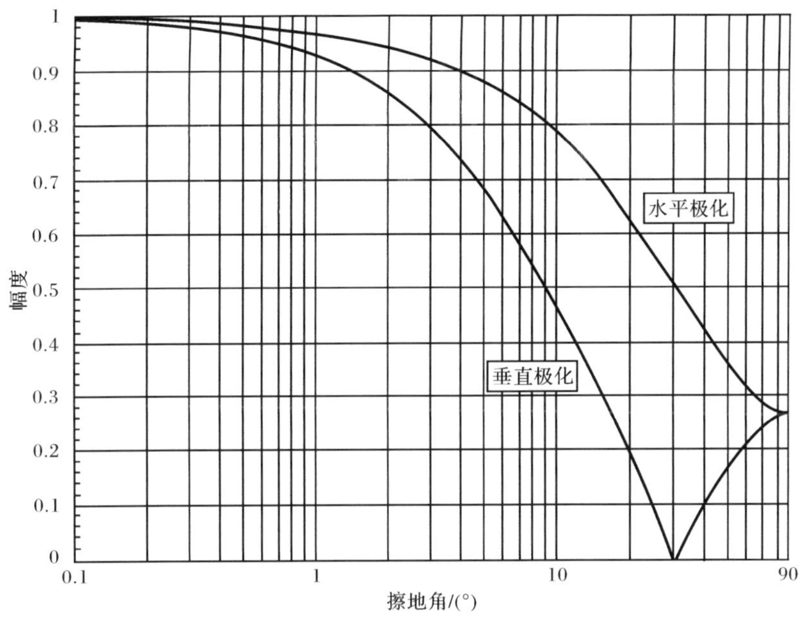

(a) 幅度

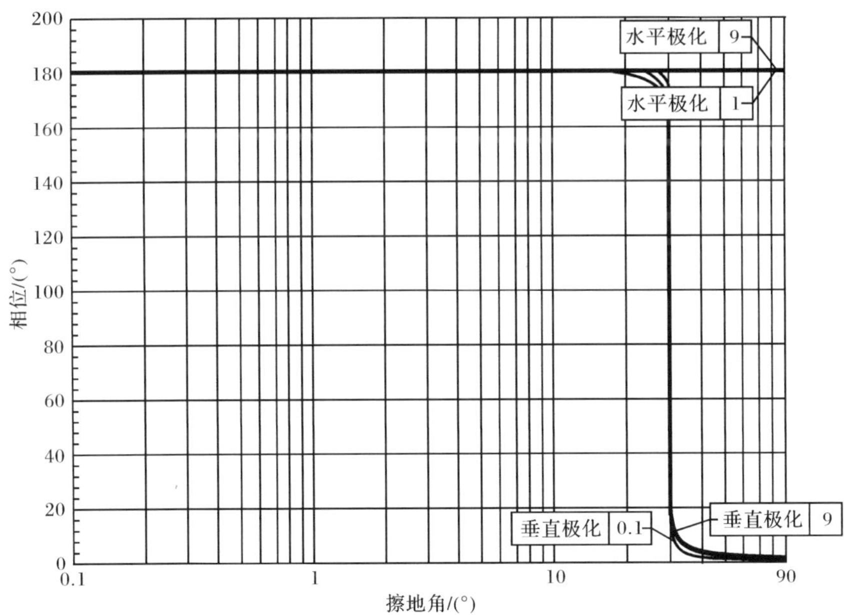

(b) 相位

图 2.11 甚干燥地面的镜面反射系数

2.4.2 发散因子

总的反射系数也受地球曲率的影响。当电磁波入射到圆形地球表面时，反射波会出现发散现象，如图 2.12(a)所示，实线表示球形地球的射线周界，虚线表示平坦地球的射线周界。由于发散现象，反射能量无法聚焦，因而雷达功率密度也降低了。发散因子可用几何方法获得，被人们广泛接受的发散因子 ρ_D 近似为

$$\rho_D \approx \left(1+\frac{2r_1r_2}{R_E r\sin\psi}\right)^{-\frac{1}{2}} \tag{2.18}$$

其中，R_E 为等效地球半径；其他所有变量在图 2.12(b)中有定义。

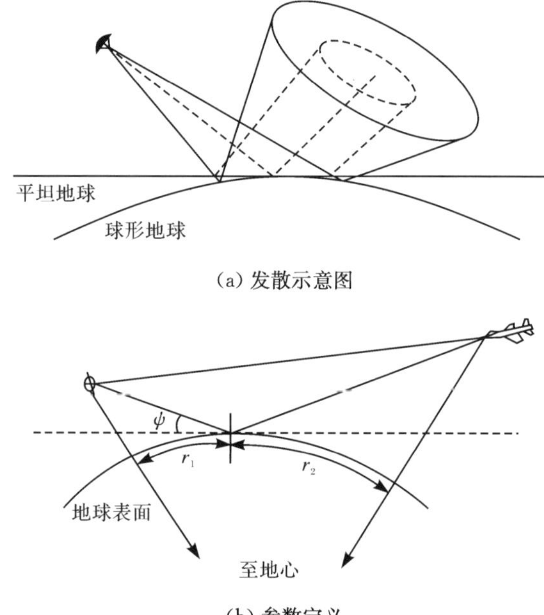

图 2.12　发散示意图及参数定义

2.4.3 粗糙度因子

除了发散因子以外，表面粗糙度也影响总的反射系数。反射面粗糙导致了反射场幅度的衰减，引入表面粗糙度因子 ρ_S 表示(也称为镜面散射系数 specular scattering factor)，即

$$\rho_S = \exp\left[-2\left(\frac{2\pi\sigma_h\sin\psi}{\lambda}\right)^2\right] \tag{2.19}$$

其中，σ_h 为地球表面起伏标准差。当瑞利准则恰好取临界值时，即 $\sigma_h\sin\psi=\dfrac{\lambda}{8}$ 时，

对应 $\rho_S=0.29$,镜面反射能量下降为原来的 1/10。图 2.13 给出了相对粗糙度 (σ_h/λ)不同时表面粗糙度因子与擦地角的关系。

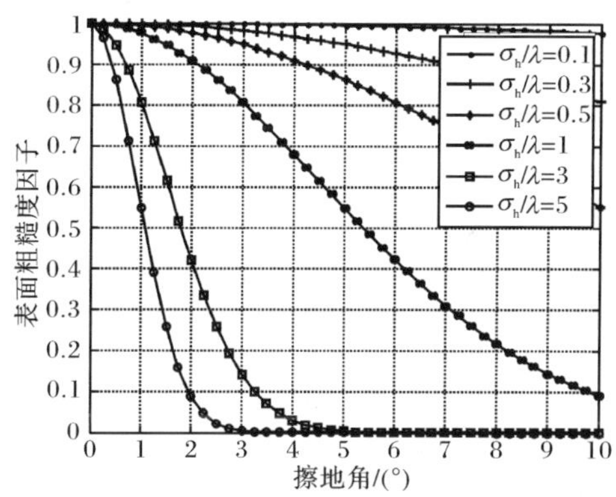

图 2.13　表面粗糙度因子与擦地角的关系

后来,人们根据实验数据对该式进行了修正,具体参考文献[1]和[3],一般说来粗糙表面除了影响反射系数外,也会在反射信号中出现漫反射(非相干)分量,其幅度和相位是随机的,产生的散射分量比镜面反射分量在角度上散得更开。

综合考虑上述三个因素,可以将总的反射系数表示为

$$\rho=\Gamma_{(H,V)}\rho_D\rho_S \tag{2.20}$$

2.5　漫反射机理

根据瑞利判据,当反射面粗糙度增大时,漫反射分量逐渐占主导地位,如图 2.14所示。漫反射分量分布在一定角度范围,漫反射功率经发光面(glistening surface)到达雷达天线[8]。发光面为处于方位-仰角空间的一个椭圆形轮廓之内的表面,在此轮廓线上,场强下降到其最大值的 1/e。漫散射总功率为发光面整个区域反射的能量。

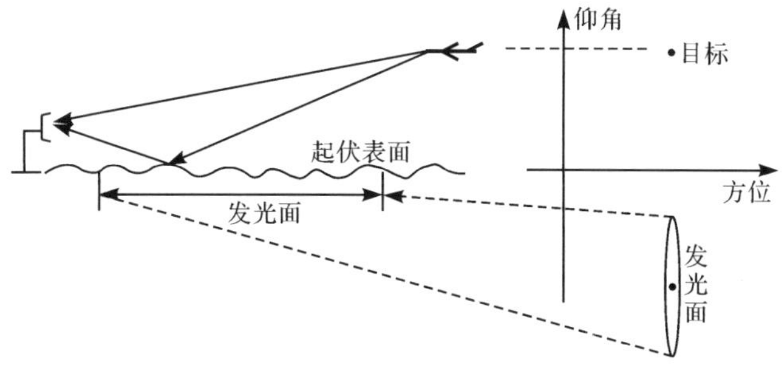

图 2.14　粗糙表面漫反射示意图

漫反射分量可以看作来自各个反射区的大量的镜面反射分量的矢量和。从信号的性质上来说，漫反射分量是指反射分量中与直达信号“非相关”部分。随着地面粗糙度的增加，镜面反射能量逐渐减小，漫反射回波逐渐占主要部分，镜面反射功率和漫反射功率通常呈反比关系，镜面反射功率和漫反射功率比取决于地面粗糙度和擦地角，镜面反射系数、漫反射系数与擦地角的关系如图 2.15 所示。

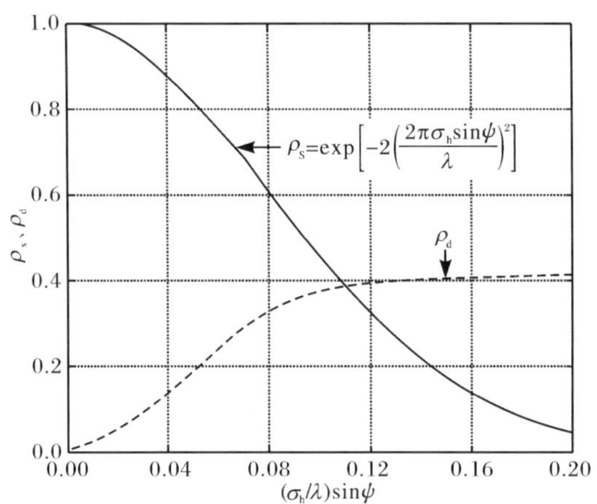

图 2.15　镜面反射系数、漫反射系数与擦地角的关系

2.6　多径条件下阵列信号模型

如图 2.16 所示，对于 N 元垂直均匀线阵，阵元间距为 d，且假设均为各向同性阵元。阵列雷达接收的回波包括：目标的直达回波、镜面反射回波、漫反射回波。

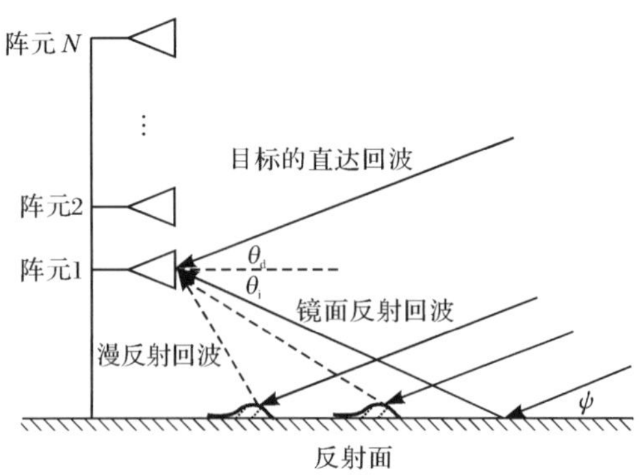

图 2.16　多径条件下阵列信号接收示意图

阵列天线接收信号表示为

$$\boldsymbol{x}(t)=\boldsymbol{s}(\theta_{\mathrm{d}})A_{\mathrm{d}}(t)+\boldsymbol{s}(\theta_{\mathrm{i}})A_{\mathrm{i}}(t)+\boldsymbol{c}(t)+\boldsymbol{n}(t) \tag{2.21}$$

其中，$A_{\mathrm{d}}(t)$、$A_{\mathrm{i}}(t)$分别表示直达信号与镜面反射信号的复包络；$\boldsymbol{s}(\theta_{\mathrm{d}})$和$\boldsymbol{s}(\theta_{\mathrm{i}})$分别为直达信号和反射信号的导向矢量。信号空域导向矢量表示为

$$\boldsymbol{s}(\theta)=\frac{1}{\sqrt{N}}[1,\mathrm{e}^{\mathrm{j}\pi\sin\theta},\mathrm{e}^{\mathrm{j}2\pi\sin\theta},\cdots,\mathrm{e}^{\mathrm{j}(N-1)\pi\sin\theta}]^{\mathrm{T}} \tag{2.22}$$

并且$\|\boldsymbol{s}(\theta)\|=1$。

$\boldsymbol{c}(t)$表示漫反射分量，漫反射分量用随机过程进行建模，其幅度服从瑞利分布，相位服从均匀分布，相当于两维高斯分布。可以看做零均值高斯过程，其协方差矩阵为$\boldsymbol{R}_c=E\{\boldsymbol{c}(t)\boldsymbol{c}^{\mathrm{H}}(t)\}$，它是任意的正定 Hermite 矩阵，需要强调的是它不是单位矩阵。

$\boldsymbol{n}(t)$为接收机热噪声矢量，假设各阵元信道内部噪声为零均值平稳随机过程，由于阵元间距离足够大，所以各阵元噪声独立并且具有相同的方差σ^2，$E\{\boldsymbol{n}(t)\boldsymbol{n}^{\mathrm{H}}(t)\}=\sigma^2\boldsymbol{I}_N$。

镜面反射信号与直达信号相干，它们之间用复反射系数联系，即

$$A_{\mathrm{i}}(t)=\rho A_{\mathrm{d}}(t) \tag{2.23}$$

实际上，这里的复反射系数是等效的概念，它也可以包含雷达系统的因素，如天线方向图因素。

对于地基或舰载雷达，通常阵列天线高度为米量级，目标高度为公里量级，目标距离在百公里量级。因此，反射点的位置位于雷达阵地附近，可以假定反射区域是理想平面，这样反射波可以看作平面波，经地面反射到达各个阵元的射线是平行的。阵列天线严格垂直于地面，阵列法向平行于地面。因此，直达信号和多径反射信号入射角关于阵列法向对称，并且多径反射信号入射角与擦地角相等。即入射角绝对值等于反射角：$\theta_{\mathrm{i}}=-\theta_{\mathrm{d}}$，所以阵列信号模型可进一步简化为

$$\boldsymbol{x}(t)=[\boldsymbol{s}(\theta)+\rho\boldsymbol{s}(-\theta)]A_{\mathrm{d}}(t)+\boldsymbol{c}(t)+\boldsymbol{n}(t) \tag{2.24}$$

镜面反射条件下的阵列复合导向矢量为

$$\boldsymbol{s}(\theta,\rho)=\boldsymbol{s}(\theta)+\rho\boldsymbol{s}(-\theta) \tag{2.25}$$

相当于直达分量导向矢量与反射分量导向矢量的线性组合。复合导向矢量的模不再等于 1，即

$$\|\boldsymbol{s}(\theta,\rho)\|^2=1+|\rho|^2+2\mathrm{Re}[\rho^*\boldsymbol{s}^{\mathrm{H}}(-\theta)\boldsymbol{s}(\theta)] \tag{2.26}$$

其中，

$$\boldsymbol{s}^{\mathrm{H}}(-\theta)\boldsymbol{s}(\theta)=\frac{\sin(\pi N\sin\theta)}{N\sin(\pi\sin\theta)} \tag{2.27}$$

所以，式(2.26)可重写为

$$\|\boldsymbol{s}(\theta,\rho)\|^2=1+|\rho|^2+2\mathrm{Re}[\rho]\frac{\sin(\pi N\sin\theta)}{N\sin(\pi\sin\theta)} \tag{2.28}$$

2.7 小　　结

在本章中首先给出了多径条件下阵列雷达与目标之间的几何关系，给出了菲涅尔区的定义以及反射面起伏程度的瑞利判据。然后系统总结了镜面反射机理建模和漫反射机理。最后针对地基/舰载雷达应用建立多径条件下阵列接收信号模型。镜面反射可以用复反射系数进行建模，漫反射可以用零均值高斯色噪声建模。

在本书中重点考虑镜面反射机理，对于漫反射问题，暂不涉及，漫反射情况请见文献[9]～[11]。从阵列信号处理的角度出发，对于地/海面反射特性用复反射系数进行功能级建模就满足应用了。

附录 2A　球面多径求解

为了求解 R_1 和 R_2，必须先求解 r_1，求解三次方程

$$2r_1^3-3rr_1^2+[r^2-2R_E(h_R+h_T)]r_1+2R_Eh_Rr=0 \tag{2A.1}$$

可得

$$r_1=\frac{r}{2}-p\sin\frac{\xi}{3} \tag{2A.2}$$

其中，

$$p=\frac{2}{\sqrt{3}}\sqrt{R_E(h_R+h_T)+\frac{r^2}{4}} \tag{2A.3}$$

$$\xi=\arcsin\left[\frac{2R_Er(h_T-h_R)}{p^3}\right] \tag{2A.4}$$

接着解出 R_1、R_2 和 R_d，根据图 2.3 可知 $\phi_1=\frac{r_1}{R_E}$，$\phi_2=\frac{r_2}{R_E}$。

根据余弦定理

$$R_1=\sqrt{R_E^2+(R_E+h_R)^2-2R_E(R_E+h_R)\cos\phi_1} \tag{2A.5}$$

$$R_2=\sqrt{R_E^2+(R_E+h_T)^2-2R_E(R_E+h_T)\cos\phi_2} \tag{2A.6}$$

进一步简化可得

$$R_1=\sqrt{h_R^2+4R_E(R_E+h_R)\sin^2\frac{\phi_1}{2}} \tag{2A.7}$$

$$R_2=\sqrt{h_T^2+4R_E(R_E+h_T)\sin^2\frac{\phi_2}{2}} \tag{2A.8}$$

应用余弦定理可得

$$R_d=\sqrt{(h_T-h_R)^2+4(R_E+h_R)(R_E+h_T)\sin^2\frac{\phi}{2}} \tag{2A.9}$$

根据式(2A.7)～式(2A.9)可得

$$\Delta R=\frac{R_1R_2\sin^2\psi_g}{R_1+R_2+R_d} \tag{2A.10}$$

其中，

$$\psi_g=\arcsin\left(\frac{h_T}{R_1}-\frac{R_1}{2R_E}\right) \tag{2A.11}$$

参考文献

[1] David K B. Low-angle radar tracking. IEEE Proceedings,1974,62(6):687-704.

[2] Lamont V B. Radar Range-Performance Analysis. Lexington:Lexington Books,1980.

[3] Mark A R,James A S,William A H. Principles of Modern Radar,Vol I—Basic Principles. Raleigh:SciTECH,2010.

[4] Merrill I S. Radar Handbook. 2nd ed. New York:McGraw-Hill,1990.

[5] Merrill I S. Introduction to Radar System. 3rd ed. New York:McGraw-Hill,2001.

[6] Bassem R M. Radar Systems Analysis and Design Using MATLAB. Boca Raton:Chapman & Hall/Crc,2000.

[7] 焦培南,张忠志. 雷达环境与电波传播特性. 北京:电子工业出版社,2007.

[8] David K B. Radar System Analysis and Modeling. Norwood:Artech House,2005.

[9] Swindlehurst A L,Petre S. Radar signal processing with antenna arrays via maximum likelihood. Conference Record of the Thirty-First Asilomar Conference on Signals,Systems and Computers,1997,2:1219-1223.

[10] Swindlehurst A L,Petre S. Maximum likelihood methods in radar array signal processing. IEEE Proceedings,1998,86(2):421-441.

[11] Ramakrishnan,Sarkar S,Binay K. Performance comparison of spherical and elliptical earth models for low angle tracking in radars. International Radar Symposium,2006,5:1-4.

第三章　对称波束法

3.1 引　　言

对称波束单脉冲是一种针对低角跟踪问题的改进单脉冲测角技术，其技术内涵是通过重新设计单脉冲和波束、差波束使得单脉冲系统中鉴角曲线关于波束指向偶对称，进而消除多径反射信号对单脉冲比的影响。该方法简称为对称波束法，已在传统的反射面跟踪雷达中得到应用。

文献[1]最早提出了对称误差方向图（symmetrical error patterns）方法，通过设计两个非对称的和波束、差波束，形成关于目标和镜像角平分线对称的鉴角曲线，消除了镜像回波对单脉冲比的影响，该方法的关键就是确定波束中心的指向，若波束指向与目标-镜像角平分线不重合将引入新的误差。文献[2]提出的固定波束法（fixed-beam approach）通过设计两个非对称的和波束、差波束来实现对称的鉴角曲线，基于该方法的低角跟踪子系统 LAT 已被美军加装在常规雷达 AN/FPS-16 上，用来解决其低空目标跟踪性能下降的问题。最近，文献[3]针对阵列雷达通过权向量优化实现了最优和波束、差波束，进而实现了固定波束法。文献[4]针对相控阵列雷达，提出了双波束方案来解决低角跟踪问题。文献[5]针对单脉冲雷达低角跟踪问题提出了仰角几何均值的算法。

在文献[1]～[3]中，均对和波束方向图、差波束方向图进行再设计，利用两个非对称的和波束、差波束实现对称的单脉冲鉴角曲线。实际上，在经典单脉冲技术中，和波束是偶对称的，差波束是奇对称的，因此鉴角曲线是奇对称的。如果和波束维持不变，差波束重新设计为偶对称的，则鉴角曲线就是偶对称的，同样可以实现对称波束法测角，这也是本章区别于文献的地方，本章方法严格地称为对称“差”波束法。

本章在垂直阵列雷达的基础上，设计了最优对称差波束，通过 DBF 得到对称的和波束、差波束，进而实现对称波束单脉冲测角；然后通过仿真分析了对称波束法测角性能与 SNR、目标仰角以及复反射系数的关系；最后用实测数据验证了方法的有效性。

3.2 基 本 原 理

对于经典单脉冲系统，和波束方向图是偶函数，而差波束方向图是奇函数，因此鉴角曲线是奇函数。在多径条件下，和信号去归一化差信号得到的单脉冲比为一个复数，并且与复反射系数有关，信号矢量关系如图 3.1(a)所示。

如果能够通过差波束设计，使得镜像目标的差信号 Δ_i 仍然与和信号 Σ_i 保持同相，则合成的差信号 Δ 与信号 Σ 仍然保持同相关系，单脉冲比仍然为实数，并且不受复反射系数的影响，其矢量关系如图 3.1(b)所示。

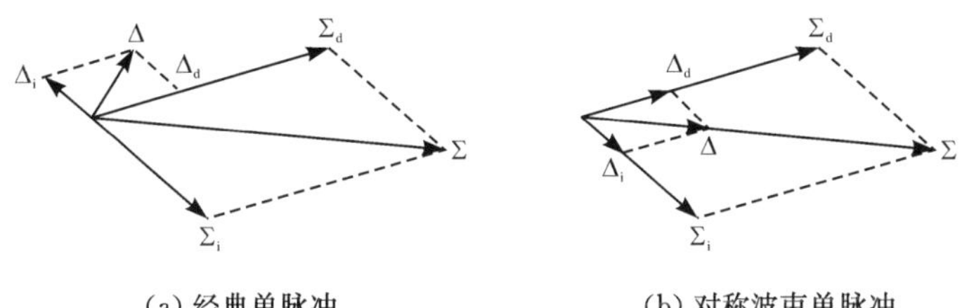

(a) 经典单脉冲　　(b) 对称波束单脉冲

图 3.1　单脉冲系统和信号、差信号矢量关系图

本章重点考虑对称镜面反射情况。对于经典单脉冲系统，当存在镜像对称多径的情况下，即 $\theta_i=-\theta_d$，单脉冲比为

$$\begin{aligned}\frac{\Delta}{\Sigma}&=\frac{V_\Delta(\theta_d)A_d(t)+V_\Delta(\theta_i)A_i(t)}{V_\Sigma(\theta_d)A_d(t)+V_\Sigma(\theta_i)A_i(t)}=\frac{V_\Delta(\theta_d)+\rho V_\Delta(\theta_i)}{V_\Sigma(\theta_d)+\rho V_\Sigma(\theta_i)}\\&=\frac{V_\Delta(\theta_d)+\rho V_\Delta(-\theta_d)}{V_\Sigma(\theta_d)+\rho V_\Sigma(-\theta_d)}=\frac{V_\Delta(\theta_d)-\rho V_\Delta(\theta_d)}{V_\Sigma(\theta_d)+\rho V_\Sigma(\theta_d)}=\frac{V_\Delta(\theta_d)}{V_\Sigma(\theta_d)}\cdot\frac{1-\rho}{1+\rho}\end{aligned}\tag{3.1}$$

其中，$V_\Sigma(\theta)$，$V_\Delta(\theta)$分别表示和波束、差波束的电压方向图；θ_d，θ_i 分别表示直达信号和多径信号的入射角；$A_d(t)$，$A_i(t)$分别表示直达信号和多径信号的时域复包络；$\rho=\frac{A_i(t)}{A_d(t)}$表示复反射系数。式(3.1)表明，多径条件下经典单脉冲系统的单脉冲比不仅是目标仰角的函数，而且还是复反射系数的函数。当复反射系数未知时，无法根据单脉冲比求出目标仰角。

如果对差波束进行设计，使得差波束方向图也为偶函数，即 $V_\Delta(-\theta)=V_\Delta(\theta)$，则在镜像对称多径条件下单脉冲比为

$$\begin{aligned}\frac{\Delta}{\Sigma}&=\frac{V_\Delta(\theta_d)A_d(t)+V_\Delta(\theta_i)A_i(t)}{V_\Sigma(\theta_d)A_d(t)+V_\Sigma(\theta_i)A_i(t)}=\frac{V_\Delta(\theta_d)+\rho V_\Delta(\theta_i)}{V_\Sigma(\theta_d)+\rho V_\Sigma(\theta_i)}\\&=\frac{V_\Delta(\theta_d)+\rho V_\Delta(-\theta_d)}{V_\Sigma(\theta_d)+\rho V_\Sigma(-\theta_d)}=\frac{V_\Delta(\theta_d)+\rho V_\Delta(\theta_d)}{V_\Sigma(\theta_d)+\rho V_\Sigma(\theta_d)}=\frac{V_\Delta(\theta_d)}{V_\Sigma(\theta_d)}\end{aligned}\tag{3.2}$$

式(3.2)表明，多径条件下对称波束单脉冲系统的单脉冲比与复反射系数无关，消除了多径信号对单脉冲比的影响。该式成立的条件是 $\rho\neq-1$。也就是说，该方法对于理想镜面反射情况仍然是失效的，因为该条件下和通道输出为零，无法检测到目标，更别提仰角测量了。需要指出的是，该方法中和波束仍为原来的和波束，仅对差波束进行重新设计。

3.3　对称差波束形成

3.3.1　约束条件

对称差波束权 $\boldsymbol{w}_\Delta$ 的设计需要满足以下三个约束条件。

约束一，根据差波束的内在要求，在波束指向(0°方向)形成零点，即

$$\boldsymbol{w}_\Delta^{\mathrm{H}}\boldsymbol{s}(0)=0 \tag{3.3}$$

其中，$\boldsymbol{s}(\theta)=\frac{1}{\sqrt{N}}\left[\mathrm{e}^{-\mathrm{j}\frac{N-1}{2}\pi\sin\theta},\mathrm{e}^{-\mathrm{j}\frac{N-3}{2}\pi\sin\theta},\cdots,\mathrm{e}^{\mathrm{j}\frac{N-3}{2}\pi\sin\theta},\mathrm{e}^{\mathrm{j}\frac{N-1}{2}\pi\sin\theta}\right]^{\mathrm{T}}$ 为阵列归一化导向矢量。

约束二，差波束满足对称性，也就是说，对于任意的 $\theta_0>0$，$V_\Delta(-\theta_0)=V_\Delta(\theta_0)\overset{\mathrm{def}}{=}g_0$，即

$$\boldsymbol{w}_\Delta^{\mathrm{H}}\boldsymbol{s}(\theta_0)=g_0 \tag{3.4}$$

$$\boldsymbol{w}_\Delta^{\mathrm{H}}\boldsymbol{s}(-\theta_0)=g_0 \tag{3.5}$$

其中，θ_0 为待定参量；g_0 为差波束在 θ_0 方向的增益。

约束三，为了使差波束输出热噪声功率保持恒定，约定差波束权矢量的范数为 1，即

$$\|\boldsymbol{w}_\Delta\|=1 \tag{3.6}$$

下面将讨论对称差波束权矢量 $\boldsymbol{w}_\Delta$ 的求解问题。

3.3.2　对称差波束形成

首先根据约束一和约束二求出差波束权矢量，然后再进行范数归一化。

令 $\boldsymbol{C}=[\boldsymbol{s}(-\theta_0),\boldsymbol{s}(0),\boldsymbol{s}(\theta_0)]$，$\boldsymbol{d}=[g_0,0,g_0]^{\mathrm{T}}$，则式(3.3)～式(3.5)可重写为矩阵形式

$$\boldsymbol{C}^{\mathrm{H}}\boldsymbol{w}_\Delta=\boldsymbol{d} \tag{3.7}$$

显然，该方程为欠定方程，满足该方程的解有无穷多个，这种情况下只能求其最小范数解。这里不加推导直接给出差波束权向量(参见附录 3A)

$$\boldsymbol{w}_{\Delta,0}=\mathrm{Re}[\boldsymbol{s}(\theta_0)]-a\boldsymbol{s}(0) \tag{3.8}$$

其中，$a=\dfrac{\sin\left(\dfrac{N\pi\sin\theta_0}{2}\right)}{N\sin\left(\dfrac{\pi\sin\theta_0}{2}\right)}$，表示和波束在 θ_0 处的电压增益。可以看出，对称差波束权矢量为实向量，权值分布关于阵列相位中心偶对称。对差波束权再进行范数归一化，则可满足约束条件三，即

$$\boldsymbol{w}_{\Delta}=\frac{\boldsymbol{w}_{\Delta,0}}{\|\boldsymbol{w}_{\Delta,0}\|}=\frac{\mathrm{Re}[\boldsymbol{s}(\theta_0)]-a\boldsymbol{s}(0)}{\|\mathrm{Re}[\boldsymbol{s}(\theta_0)]-a\boldsymbol{s}(0)\|} \tag{3.9}$$

不加推导直接给出对称差波束方向图(参见附录 3B)

$$V_{\Delta}(\theta)=\boldsymbol{w}_{\Delta}^{\mathrm{H}}\boldsymbol{s}(\theta)=\frac{\mathrm{Re}[\boldsymbol{s}(\theta_0)]^{\mathrm{T}}\mathrm{Re}[\boldsymbol{s}(\theta)]-a\boldsymbol{s}^{\mathrm{T}}(0)\mathrm{Re}[\boldsymbol{s}(\theta)]}{\|\mathrm{Re}[\boldsymbol{s}(\theta_0)]-a\boldsymbol{s}(0)\|} \tag{3.10}$$

以 16 元半波长均匀线阵为例考虑对称差波束形成问题。图 3.2 给出了和波束、差波束、对称差波束归一化权值分布，对称差波束权值关于阵列相位中心偶对称，阵列相位中心附近权值为正数，阵列的边缘权值为负数。图 3.3 给出了和波束、差波束、对称差波束方向图，可以看出在和波束第一零点范围内对称差波束与之同相。

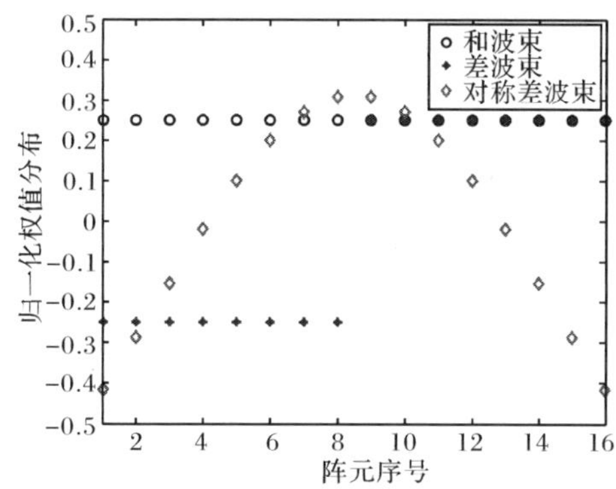

图 3.2　和波束、差波束、对称差波束归一化权值分布

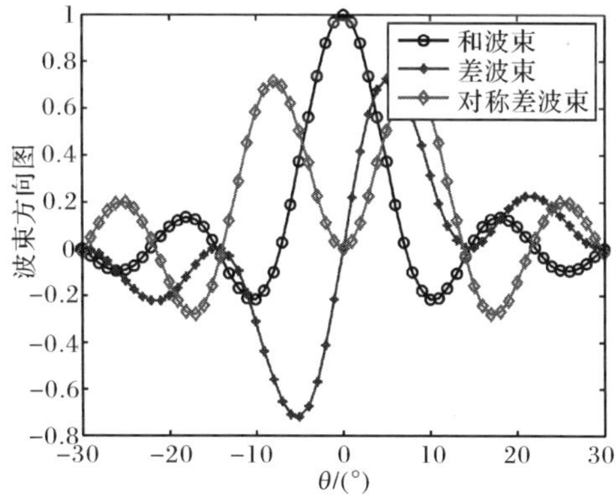

图 3.3　和波束、差波束、对称差波束方向图

根据单脉冲理论，鉴角曲线定义为单脉冲比与目标角度的关系，即

$$\frac{\Delta}{\Sigma}=\frac{V_{\Delta}(\theta)}{V_{\Sigma}(\theta)}=\frac{\boldsymbol{w}_{\Delta}^{\mathrm{H}}\boldsymbol{s}(\theta)}{\boldsymbol{w}_{\Sigma}^{\mathrm{H}}\boldsymbol{s}(\theta)} \tag{3.11}$$

图 3.4 给出了经典单脉冲与对称波束单脉冲鉴角曲线，图中只画出了和波束

主瓣范围内的部分。可以看出，经典单脉冲系统鉴角曲线近似为直线，可以用一次函数拟合，即$\frac{\Delta}{\Sigma}=k_1\theta, k_1>0$；对称波束单脉冲系统鉴角曲线近似为抛物线，可以用二次函数拟合，即$\frac{\Delta}{\Sigma}=k_2\theta^2, k_2>0$。实际上目标仰角 $\theta_d>0$，鉴角曲线仅工作在第一象限。

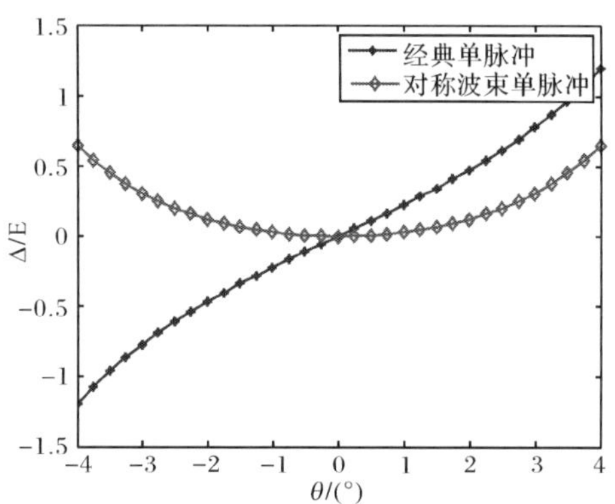

图 3.4　经典单脉冲与对称波束单脉冲鉴角曲线

对称波束单脉冲鉴角曲线求微分可得

$$d\theta=\frac{1}{2k_2\theta}\cdot d\frac{\Delta}{\Sigma} \tag{3.12}$$

可以看出，测角精度与目标仰角有关，在波束指向处，单脉冲比对目标仰角不敏感，测角精度最差，而随着目标仰角的变大，测角精度提高，这是对称波束单脉冲测角的特点。另外，二次项系数 k_2 对测角精度也有影响，k_2 越大，测角精度越高。

3.3.3　最优对称差波束形成

由式(3.8)可以看出，对称差波束权 $\boldsymbol{w}_{\Delta,0}$ 是参数 θ_0 的函数，不同的 θ_0 导致不同的差波束方向图，进而导致不同的鉴角曲线与不同的测角性能。因此，鉴角曲线系数 k_2 是 θ_0 的函数，根据式(3.12)，显然要寻找最大的系数 k_2，其对应的对称差波束称为“最优”对称差波束，该问题转化为寻求最优的 θ_0 使得 k_2 达到最大的优化问题。

理论上该问题可以通过数学优化算法解决，然而经过研究发现：在 θ_0 趋近 0° 的过程中，对称差波束权矢量趋于恒定(参见附录 3C)，并且鉴角曲线系数 k_2 也趋于最大，即

$$\lim_{\theta_0\to 0}\boldsymbol{w}_{\Delta,0}(\theta_0)=\boldsymbol{w}_{\Delta,\text{const}}=\left(\frac{N}{2}\right)^2\mathbf{1}_{N\times 1}-3\text{diag}(\boldsymbol{p})\boldsymbol{p} \tag{3.13}$$

其中，$\mathbf{1}_{N\times 1}=[1,1,\cdots,1]^{\mathrm{T}}$，$\boldsymbol{p}=\left[-\frac{N-1}{2},-\frac{N-3}{2},\cdots,\frac{N-3}{2},\frac{N-1}{2}\right]^{\mathrm{T}}$。然后还要

根据式(3.9)进行范数归一化。图3.5给出了不同θ_0时对称差波束归一化权值分布,图3.6给出了不同θ_0时对称波束单脉冲鉴角曲线。可以看出,随着θ_0的减小并趋于0°,对称差波束归一化权值分布趋于收敛,对称波束单脉冲鉴角曲线也趋于收敛,并且鉴角曲线系数k_2达到最大。

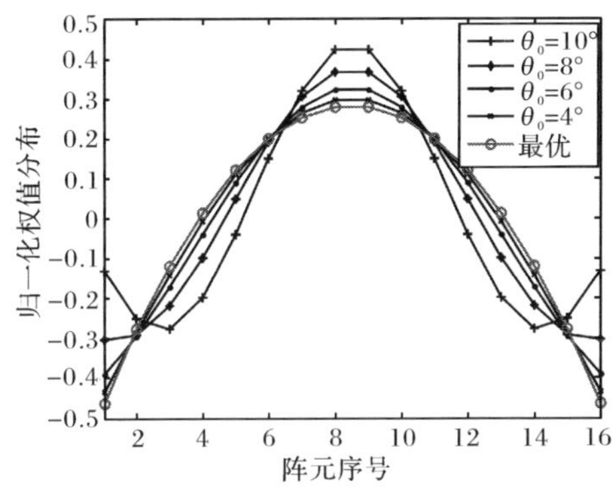

图3.5　不同θ_0时对称差波束归一化权值分布

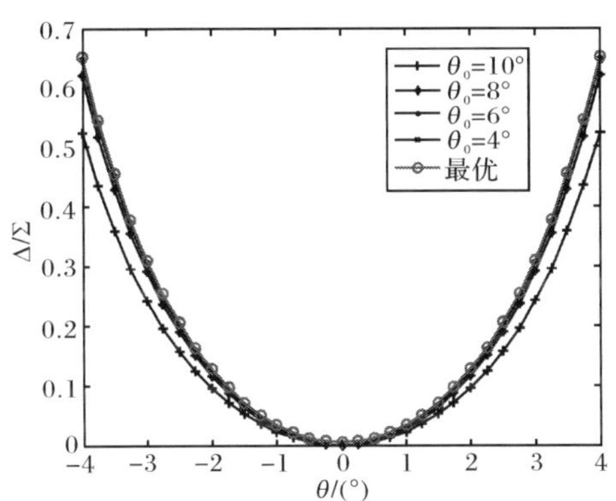

图3.6　不同θ_0时对称波束单脉冲鉴角曲线

3.4　对称波束单脉冲测角算法

3.4.1　和通道、差通道热噪声

在低角跟踪过程中,除了关注多径反射信号外,还要考虑接收机热噪声的影响,下面分析和通道、差通道输出热噪声的统计特性。

阵列天线接收的热噪声矢量为$\boldsymbol{n}(t)$,通常假定为零均值独立同分布(i. i. d.)复高斯白噪声,即$E[\boldsymbol{n}(t)]=\boldsymbol{0}_{N\times 1}$,$E[\boldsymbol{n}(t)\boldsymbol{n}^{\mathrm{H}}(t)]=\sigma^2\boldsymbol{I}_N$。和通道、差通道输出的

热噪声分别为 $n_\Sigma(t)=\boldsymbol{w}_\Sigma^{\mathrm{H}}\boldsymbol{n}(t)$，$n_\Delta(t)=\boldsymbol{w}_\Delta^{\mathrm{H}}\boldsymbol{n}(t)$。显然它们仍然为零均值独立同分布复高斯白噪声，即 $E[n_\Sigma(t)]=E[n_\Delta(t)]=0$；由于 $\|\boldsymbol{w}_\Sigma\|=\|\boldsymbol{w}_\Delta\|=1$，所以 $E[|n_\Sigma(t)|^2]=E[|n_\Delta(t)|^2]=\sigma^2$；由于$\boldsymbol{w}_\Delta^{\mathrm{T}}\boldsymbol{w}_\Sigma=0$，所以 $E[n_\Sigma(t)n_\Delta^*(t)]=\sigma^2\boldsymbol{w}_\Sigma^{\mathrm{T}}\boldsymbol{w}_\Delta=0$。因此，和通道、差通道输出热噪声之间不相关，即独立。

3.4.2 多径加热噪声条件下单脉冲测角

在镜像多径加热噪声的条件下，单脉冲比为

$$\frac{\Delta}{\Sigma}=\frac{V_\Delta(\theta_\mathrm{d})A_\mathrm{d}(t)+V_\Delta(\theta_\mathrm{i})A_\mathrm{i}(t)+n_\Delta(t)}{V_\Sigma(\theta_\mathrm{d})A_\mathrm{d}(t)+V_\Sigma(\theta_\mathrm{i})A_\mathrm{i}(t)+n_\Sigma(t)}=\frac{V_\Delta(\theta_\mathrm{d})(1+\rho)A_\mathrm{d}(t)+n_\Delta(t)}{V_\Sigma(\theta_\mathrm{d})(1+\rho)A_\mathrm{d}(t)+n_\Sigma(t)}$$

$$=\frac{V_\Delta(\theta_\mathrm{d})A_\mathrm{d}(t)+\dfrac{n_\Delta(t)}{1+\rho}}{V_\Sigma(\theta_\mathrm{d})A_\mathrm{d}(t)+\dfrac{n_\Sigma(t)}{1+\rho}} \tag{3.14}$$

当然该式成立的条件是 $\rho\neq-1$。由于热噪声的存在，单脉冲比也不再是实数，而是一个复数，为了抑制热噪声的影响，必须进行复量处理。从式(3.14)可以看出，目标仅对单脉冲比的实部有贡献，而热噪声对实部和虚部均有贡献，因此在复量运算中取实部。在波束指向处，取实部运算相当于 SNR 改善了 3dB。此时测角方程为

$$\theta=\begin{cases}\sqrt{\dfrac{1}{k_2}\mathrm{Re}\left(\dfrac{\Delta}{\Sigma}\right)}, & \mathrm{Re}\left(\dfrac{\Delta}{\Sigma}\right)\geqslant 0\\ 0, & \mathrm{Re}\left(\dfrac{\Delta}{\Sigma}\right)<0\end{cases} \tag{3.15}$$

当 $\rho=-1$ 时，$\dfrac{\Delta}{\Sigma}=\dfrac{n_\Delta(t)}{n_\Sigma(t)}$，目标对单脉冲比的贡献为 0，单脉冲比仅取决于接收机热噪声，输出单脉冲比为随机量，此时无法测量目标角度。

从式(3.14)还可以看出，在镜像多径加热噪声条件下，单脉冲测量可以等效为“变强度”热噪声条件下的单脉冲测量问题，等效热噪声强度为$\dfrac{\sigma^2}{|1+\rho|^2}$，与复反射系数有关，$|1+\rho|$调整了目标与热噪声对单脉冲比的贡献比例。可见复反射系数对测角精度有显著影响。

3.4.3 非镜像对称多径单脉冲比

当目标位于无穷远处时，$\theta_\mathrm{i}=-\theta_\mathrm{d}$，然而实际中目标距离总是有限的，通常多径反射信号入射角要略大于直达信号入射角，即 $\theta_\mathrm{i}=-(\theta_\mathrm{d}+\Delta\theta)$，$\Delta\theta>0$，但 $\Delta\theta$ 非常小，非对称多径条件下单脉冲比为

$$\frac{\Delta}{\Sigma}=\frac{V_\Delta(\theta_\mathrm{d})+\rho V_\Delta(\theta_\mathrm{i})}{V_\Sigma(\theta_\mathrm{d})+\rho V_\Sigma(\theta_\mathrm{i})}=\frac{V_\Delta(\theta_\mathrm{d})+\rho V_\Delta(\theta_\mathrm{d}+\Delta\theta)}{V_\Sigma(\theta_\mathrm{d})+\rho V_\Sigma(\theta_\mathrm{d}+\Delta\theta)}$$

$$=\frac{V_\Delta(\theta_\mathrm{d})+\rho[V_\Delta(\theta_\mathrm{d})+V'_\Delta(\theta_\mathrm{d})\Delta\theta]}{V_\Sigma(\theta_\mathrm{d})+\rho[V_\Sigma(\theta_\mathrm{d})+V'_\Sigma(\theta_\mathrm{d})\Delta\theta]} \tag{3.16}$$

由于 $\Delta\theta$ 很小，所以

$$\frac{\Delta}{\Sigma}=\frac{(1+\rho)V_{\Delta}(\theta_{\rm d})+\rho V'_{\Delta}(\theta_{\rm d})\Delta\theta}{(1+\rho)V_{\Sigma}(\theta_{\rm d})+\rho V'_{\Sigma}(\theta_{\rm d})\Delta\theta}\approx\frac{V_{\Delta}(\theta_{\rm d})}{V_{\Sigma}(\theta_{\rm d})} \tag{3.17}$$

可以看出，在实际情况中，当偏离理想对称多径时，对单脉冲比带来的误差非常小，可以忽略。

3.5 性能分析

考虑垂直均匀线阵，阵元间距为半波长，阵元数为 $N=16$，则波束宽度为 $\theta_{\rm 3dB}=0.886\dfrac{\lambda}{Nd}\approx 6.35°$。SNR 定义为直达信号功率与阵元噪声方差的比，即 $\mathrm{SNR}=\dfrac{|A_{\rm d}|^2}{\sigma^2}$。测角 $\mathrm{RMSE}=\sqrt{E[(\hat{\theta}-\theta_{\rm d})^2]}$。针对低角跟踪问题，为了得到一般性结论，目标仰角、测角 RMSE 均对波束宽度进行归一化，目标相对仰角为 $\bar{\theta}_{\rm d}=\theta_{\rm d}/\theta_{\rm 3dB}$，相对均方根误差（normalized RMSE，NRMSE）为 $\mathrm{NRMSE}=\mathrm{RMSE}/\theta_{\rm 3dB}$。

低仰角条件下对称波束单脉冲测角性能与 SNR、目标仰角以及 ρ 有关，下面分情况讨论。在研究某一因素对测角性能影响时，固定其他参数为典型值。为分析统计性能进行 Monte Carlo 仿真，仿真次数为 1000。

3.5.1 与 SNR 的关系

在该实验中，设定复反射系数 $\rho=0.8\mathrm{e}^{\mathrm{j}\frac{160°}{180°}\pi}$，目标相对仰角 $\bar{\theta}_{\rm d}=0.2$，图 3.7 给出了 NRMSE 与 SNR 的关系曲线。

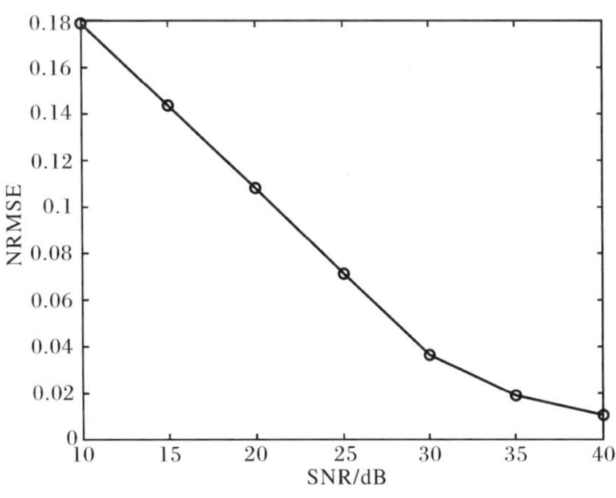

图 3.7　NRMSE 与 SNR 的关系

可以看出，随着 SNR 的增加，对称波束单脉冲 NRMSE 下降，测角精度提高，这是测量问题普遍的规律。利用该曲线可以根据测量精度对 SNR 提出要求。

3.5.2　与目标仰角的关系

在该实验中，设定 $\rho=0.8e^{j\frac{160°}{180°}\pi}$，SNR＝30dB，图 3.8 给出了 NRMSE 与 $\bar{\theta}_d$ 的关系曲线。

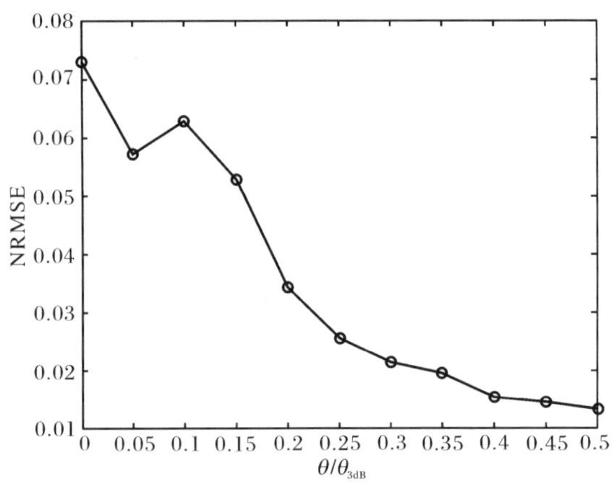

图 3.8　NRMSE 与 $\bar{\theta}_d$ 的关系曲线

可以看出，随着 $\bar{\theta}_d$ 下降，NRMSE 增大，测量精度下降，这是多径问题的特有规律，目标仰角越低，多径信号与直达信号的夹角越小，多径对测角的影响越剧烈。另外，当目标仰角为 0°时，由于热噪声的作用，仍然有角度输出，只是误差较大。

3.5.3　与 ρ 的关系

在该实验中，设定 $\bar{\theta}_d=0.2$，SNR＝30dB，图 3.9 给出了 NRMSE 与 $|1+\rho|$ 的关系曲线。

可以看出，当 $|1+\rho|=0$ 时，只有热噪声起作用，测角方法失效。随着 $|1+\rho|$ 的增加，NRMSE 下降，精度提高，说明 ρ 对测角精度影响剧烈。理想镜面反射系数为－1，$|1+\rho|$ 反映了实际 ρ 偏离理性镜面反射的程度，越接近理想镜面反射，测角性能越差。如图 3.10 所示，在 ρ 平面上以－1 为圆心的圆与单位圆相交的圆弧上，测角性能相同，该圆弧也称为等测角性能曲线。

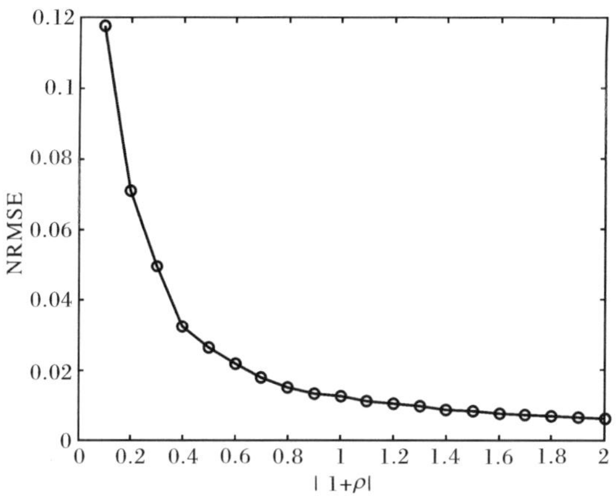

图 3.9　NRMSE 与 ρ 的关系曲线

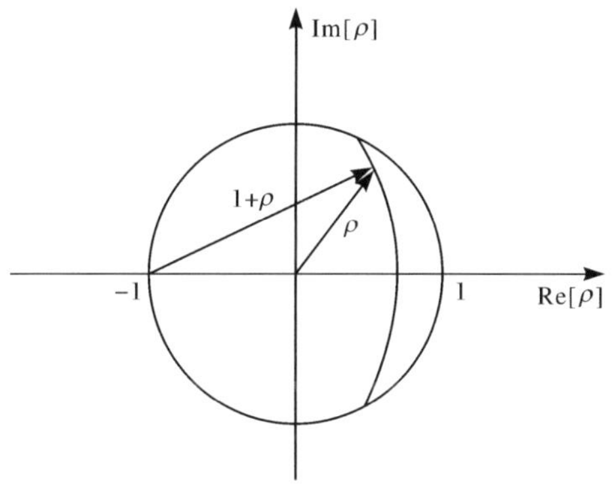

图 3.10　等测角性能曲线

3.6　实测数据处理

应用对称波束单脉冲技术对某米波阵列雷达外场实测数据进行分析处理。根据实际系统阵列天线结构求出最优对称差波束加权如图 3.11 所示，进一步得到鉴角曲线如图 3.12 所示。鉴角曲线用二次函数拟合为

$$\frac{\Delta}{\Sigma}=0.0064\theta^2 \tag{3.18}$$

因此，镜像对称多径加热噪声条件下的测角公式为

$$\theta=12.5\sqrt{\mathrm{Re}\left(\frac{\Delta}{\Sigma}\right)} \tag{3.19}$$

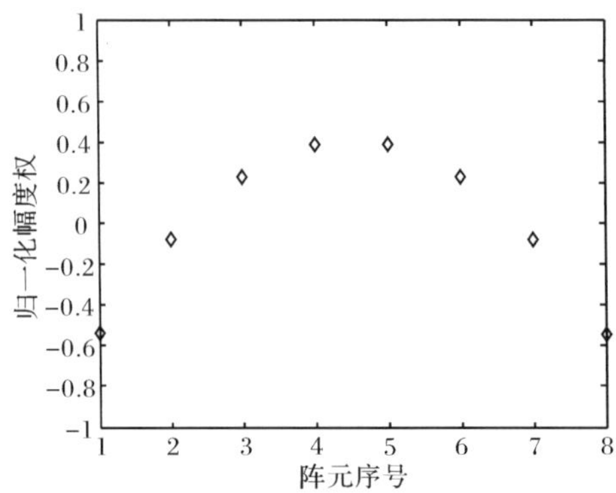

图 3.11　八元阵差波束加权

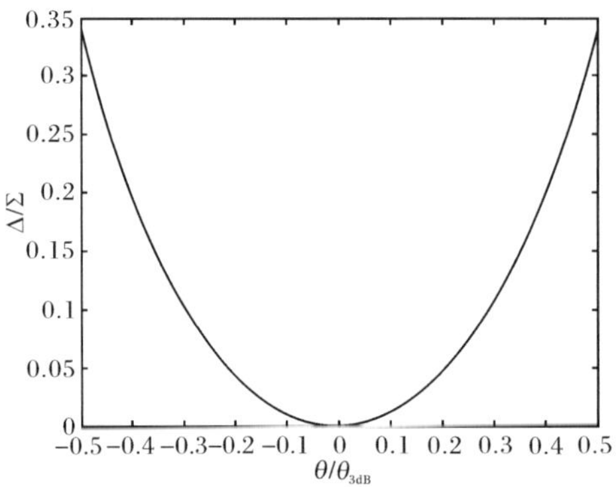

图 3.12　八元阵鉴角曲线

对民航目标进行观测，经过脉冲压缩、快拍提取、通道误差补偿等预处理后，利用本方法得到雷达对三批次目标的低角跟踪结果（如图 3.13 所示），目标仰角和测角误差均对波束宽度进行归一化。

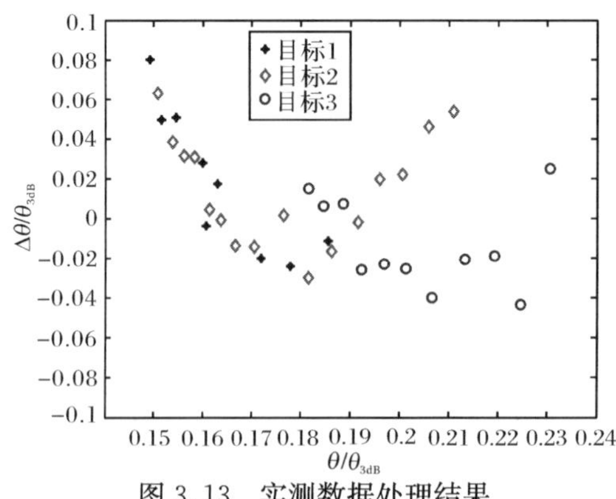

图 3.13　实测数据处理结果

雷达跟踪了三批目标，共 36 次测量，$\bar{\theta}_d$ 分布在 0.15～0.23 之间，均位于阵列天线的主瓣区域内，并且小于 1/4。归一化 RMSE 为 0.0313，小于 1/30。实测数据表明，当目标仰角小于 1/4 波束宽度时，测角误差小于 1/30 波束宽度，可以认为有效地解决了低角跟踪问题。

3.7 小 结

本章在阵列雷达的基础上通过 DBF 实现了对称波束单脉冲测角方法，设计了最优对称差波束，消除了多径信号对单脉冲比的影响，单脉冲比与复反射系数无关，但是该方法不能改变多径带来的衰落现象。本章提出的方法比文献[1]～[3]的方法的工程实现更加简单。

该方法测角性能与目标仰角、复反射系数有强烈的依赖关系，目标仰角越大，测角精度越好，这是由多径问题本身所决定的；复反射系数越偏离理想镜面反射，测角精度越好，特别地，该方法对于理想镜面反射情况失效。实测数据处理表明，当目标仰角小于 1/4 波束宽度时，测角误差小于 1/30 波束宽度，这有效解决了多径条件下的低角跟踪问题。该方法具有以下三个优点：第一，该方法处理流程不依赖未知的复反射系数；第二，工程实现简单，信号处理可以“软”实现；第三，波束指向固定，无需扫描。以上优点预示着该算法具有广泛的应用前景，可以应用在米波陆地环境与 X 波段海环境下低仰角目标仰角的测量。

附录 3A 对称差波束权矢量推导

式(3.7)有无穷多解，其最小范数解为

$$\boldsymbol{w}_{\Delta,0}=\boldsymbol{C}\,(\boldsymbol{C}^{\mathrm{H}}\boldsymbol{C})^{-1}\boldsymbol{d} \tag{3A.1}$$

其中，

$$\boldsymbol{C}^{\mathrm{H}}\boldsymbol{C}=\begin{bmatrix}\boldsymbol{s}^{\mathrm{H}}(-\theta_0)\boldsymbol{s}(-\theta_0) & \boldsymbol{s}^{\mathrm{H}}(-\theta_0)\boldsymbol{s}(0) & \boldsymbol{s}^{\mathrm{H}}(-\theta_0)\boldsymbol{s}(\theta_0)\\ \boldsymbol{s}^{\mathrm{H}}(0)\boldsymbol{s}(-\theta_0) & \boldsymbol{s}^{\mathrm{H}}(0)\boldsymbol{s}(0) & \boldsymbol{s}^{\mathrm{H}}(0)\boldsymbol{s}(\theta_0)\\ \boldsymbol{s}^{\mathrm{H}}(\theta_0)\boldsymbol{s}(-\theta_0) & \boldsymbol{s}^{\mathrm{H}}(\theta_0)\boldsymbol{s}(0) & \boldsymbol{s}^{\mathrm{H}}(\theta_0)\boldsymbol{s}(\theta_0)\end{bmatrix}=\begin{bmatrix}1 & a & b\\ a & 1 & a\\ b & a & 1\end{bmatrix} \tag{3A.2}$$

其中，$a=\dfrac{\sin\left(\dfrac{N\pi\sin\theta_0}{2}\right)}{N\sin\left(\dfrac{\pi\sin\theta_0}{2}\right)}$；$b=\dfrac{\sin(N\pi\sin\theta_0)}{N\sin(\pi\sin\theta_0)}$。

$$(\boldsymbol{C}^{\mathrm{H}}\boldsymbol{C})^{-1}=\frac{1}{\det[\boldsymbol{C}^{\mathrm{H}}\boldsymbol{C}]}\begin{bmatrix}1-a^2 & ab-a & a^2-b\\ ab-a & 1-b^2 & ab-a\\ a^2-b & ab-a & 1-a^2\end{bmatrix}\tag{3A.3}$$

因此

$$(\boldsymbol{C}^{\mathrm{H}}\boldsymbol{C})^{-1}\boldsymbol{d}=\frac{1}{\det[\boldsymbol{C}^{\mathrm{H}}\boldsymbol{C}]}\begin{bmatrix}1-a^2 & ab-a & a^2-b\\ ab-a & 1-b^2 & ab-a\\ a^2-b & ab-a & 1-a^2\end{bmatrix}\begin{bmatrix}g_0\\0\\g_0\end{bmatrix}=\chi\begin{bmatrix}1/2\\-a\\1/2\end{bmatrix}\tag{3A.4}$$

其中，$\chi=\frac{2}{\det[\boldsymbol{C}^{\mathrm{H}}\boldsymbol{C}]}g_0(1-b)$。所以

$$\boldsymbol{w}_{\Delta,0}=\chi\boldsymbol{C}\begin{bmatrix}1/2\\-a\\1/2\end{bmatrix}=\chi\left[\frac{1}{2}\boldsymbol{s}(-\theta_0)-a\boldsymbol{s}(0)+\frac{1}{2}\boldsymbol{s}(\theta_0)\right]=\chi\{\mathrm{Re}[\boldsymbol{s}(\theta_0)]-a\boldsymbol{s}(0)\}\tag{3A.5}$$

由于下一步即将进行范数归一化，因此忽略掉常数 χ，不影响结果，因此

$$\boldsymbol{w}_{\Delta,0}=\mathrm{Re}[\boldsymbol{s}(\theta_0)]-a\boldsymbol{s}(0)\tag{3A.6}$$

附录 3B　对称差波束方向图推导

导向矢量可以分解为实部和虚部两部分，即 $\boldsymbol{s}(\theta)=\mathrm{Re}[\boldsymbol{s}(\theta)]+\mathrm{jIm}[\boldsymbol{s}(\theta)]$，显然 $\mathrm{Re}[\boldsymbol{s}(\theta)]$关于阵列相位中心偶对称，$\mathrm{Im}[\boldsymbol{s}(\theta)]$关于阵列相位中心奇对称。而 $\boldsymbol{w}_\Delta$ 关于阵列相位中心偶对称。所以 $\boldsymbol{w}_\Delta^{\mathrm{T}}\mathrm{Im}[\boldsymbol{s}(\theta)]=0$，对称差波束方向图为

$$\begin{aligned}V_\Delta(\theta)&=\boldsymbol{w}_\Delta^{\mathrm{H}}\boldsymbol{s}(\theta)=\boldsymbol{w}_\Delta^{\mathrm{T}}\{\mathrm{Re}[\boldsymbol{s}(\theta)]+\mathrm{jIm}[\boldsymbol{s}(\theta)]\}=\boldsymbol{w}_\Delta^{\mathrm{T}}\mathrm{Re}[\boldsymbol{s}(\theta)]\\&=\frac{\mathrm{Re}[\boldsymbol{s}(\theta_0)]^{\mathrm{T}}\mathrm{Re}[\boldsymbol{s}(\theta)]-a\boldsymbol{s}^{\mathrm{T}}(0)\mathrm{Re}[\boldsymbol{s}(\theta)]}{\|\mathrm{Re}[\boldsymbol{s}(\theta_0)]^{\mathrm{T}}-a\boldsymbol{s}^{\mathrm{T}}(0)\|}\end{aligned}\tag{3B.1}$$

相当于阵列导向矢量实部形成的方向图。

附录 3C　差波束极限证明

根据式(3.7)可知，$\boldsymbol{w}_\Delta$ 的第 $n(n\in[1,N])$个元素(对应第 n 个阵元加权值)为

$$\boldsymbol{w}_\Delta(n)=\cos\left(n-1-\frac{N-1}{2}\right)\phi_0-\frac{\sin\left(\frac{N}{2}\phi_0\right)}{N\sin\left(\frac{1}{2}\phi_0\right)}\tag{3C.1}$$

其中，$\phi_0=\pi\sin\theta_0$。因此

$$\lim_{\theta_0\to 0} w_\Delta(n) = \lim_{\phi_0\to 0} w_\Delta(n) = \lim_{\phi_0\to 0}\left[\cos\left(n-1-\frac{N-1}{2}\right)\phi_0 - \frac{\sin\left(\frac{N}{2}\phi_0\right)}{N\sin\left(\frac{1}{2}\phi_0\right)}\right]$$

$$= 1-\frac{1}{2!}\left(n-1-\frac{N-1}{2}\right)^2\phi_0^2 + O(\phi_0^4) - \frac{\frac{N}{2}\phi_0 - \frac{1}{3!}\left(\frac{N}{2}\right)^3\phi_0^3 + O(\phi_0^5)}{\frac{N}{2}\phi_0}$$

$$= \left[\left(\frac{N}{2}\right)^2 - 3\left(n-1-\frac{N-1}{2}\right)^2\right]\frac{\phi_0^2}{3!} + O(\phi_0^4) \quad (3C.2)$$

令 $\boldsymbol{k}=\left[-\frac{N-1}{2},-\frac{N-3}{2},\cdots,\frac{N-3}{2},\frac{N-1}{2}\right]^{\mathrm{T}}$，$\mathbf{1}_{N\times 1}=[1,1,\cdots,1]^{\mathrm{T}}$，则

$$\boldsymbol{w}_\Delta = \left(\frac{N}{2}\right)^2 \mathbf{1}_{N\times 1} - 3\mathrm{diag}(\boldsymbol{k})\boldsymbol{k} \quad (3C.3)$$

然后再进行范数归一化即可得到最优对称差波束。

参考文献

[1] Dax P R. Accurate tracking of low elevation targets over the sea with a monopulse radar //Proceedings of the IEE Conference in Radar-Present and Future, 1973: 160-165.

[2] White W D. Low-angle radar tracking in the presence of multipath. IEEE Transactions on AES, 1974, 10: 835-852.

[3] Sebtm A, Sheikhi A, Nayebi M M. Robust low-angle estimation by an array radar. IET Radar, Sonar and Navigation, 2010, 4(6), 780-790.

[4] Zhang D B. Two-beam technique to track a target in low elevation angles for phased array radar//Proceedings of the CIE International Conference on Radar, Beijing, 1996: 743-746.

[5] Wang X Q, Peng Y N, Ma Z G. An algorithm based on elevation geometric mean for monopulse radars to track a target at low altitude//Proceedings of the CIE International Conference on Radar, Beijing, 1996: 739-742.

第四章　双零点法

4.1 引　　言

双零点单脉冲是另一种针对低角跟踪问题的改进单脉冲测角技术，其技术内涵是：构建两套单脉冲系统，分别指向目标方向和镜像方向，指向目标方向的单脉冲系统和波束、差波束在镜像方向形成零点，指向镜像方向的单脉冲系统和波束、差波束在目标方向形成零点。由于差波束具有两个零点，因此该方法称为双零点法，又由于该系统包含两套单脉冲，所以也称为双单脉冲法。该方法已在传统的反射面跟踪雷达中得到应用。

文献[1]和[2]提出了多目标方法(multiple-target methods，MTM)，其核心思想就是将多径信号看作“另一个”目标，采用双目标跟踪器跟踪两个目标。当两个目标间隔 1/2 波束宽度时，测角误差达到 1/10 波束宽度，条件是目标与镜像具有起伏的相对相位，并且 SNR 要达到 20dB 以上，当目标间隔继续减小或者目标增多时，要求的 SNR 迅速增加。

文献[3]和[4]从 ML 原理出发深入研究了两个空间相邻目标(two closely spaced targets)的分辨问题。针对低角跟踪问题提出了调节的双零点法(tempered double-null solution，TDNS)。双零点差波束方向图由基本的 $\sin x/x$ 函数通过平移而线性合成，为了降低副瓣电平而牺牲了差斜率。该方法在组装的机械扫描雷达上实现，雷达由 SCR-784 基座、X 波段发射机和卡塞格伦反射面天线构成，垂直方向上布置三个馈源，合成网络形成 F_0，F_1，F_2 三个波束。该雷达既可工作在标准单脉冲模式，也可工作在双零点单脉冲模式。实验中用辐射源来模拟目标和镜像信号，研究表明双零点技术跟踪误差小，并且低角跟踪误差没有出现大幅振荡。该方法经历了多种海情下的外场测试，当目标仰角大于 1/4 波束宽度时，低角跟踪效果是令人满意的，当小于 1/4 波束宽度时，扩大阵列孔径、提高工作频率是唯一的解决办法了。

文献[5]针对阵列天线研究了双零点差波束形成问题。首先建立合理化约束条件，然后通过最小二乘准则优化得到双零点差波束方向图。文献[6]基于阵列雷达通过权向量优化实现了最优和波束、差波束，进而实现了双零点方法。仿真研究表明测角误差小于波束宽度的 1/10，该方法可以应用在漫反射以及地面斜率未知的情况。文献[7]针对海环境，提出了迭代方法来抑制多径信号的方法。第一步,粗略估计出目标的角度;第二步,计算镜像角度;第三步,在镜像方向上形成零点,滤除镜像信号。然后再进行循环,直到收敛。该方法的思想本质上与双零点单脉冲是一致的。

本章将在垂直阵列天线的基础上,从 ML 估计原理出发,推导了双零点单脉冲测角方法。通过 DBF 得到双单脉冲系统修正和波束方向图、差波束方向图,进而实现双单脉冲测角。然后通过仿真详细分析了双单脉冲法测角的性能与 SNR、目标仰角以及复反射系数的关系。最后用实测数据验证了方法的有效性。

4.2 基本原理

对于经典单脉冲系统,和波束方向图是偶函数,而差波束方向图是奇函数,因此鉴角曲线是奇函数。在多径条件下,单脉冲比为一个复数,并且与复反射系数有关,信号矢量关系如图 4.1(a)所示。双零点单脉冲系统的基本原理就是形成两套单脉冲系统分别指向目标方向和镜像方向,信号矢量关系如图 4.1(b)所示。

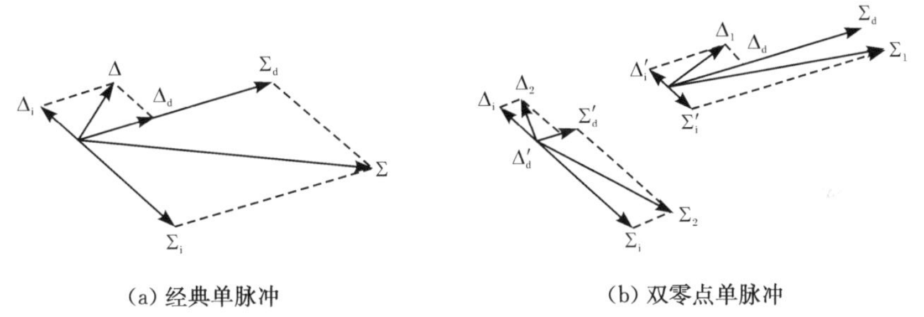

(a) 经典单脉冲 (b) 双零点单脉冲

图 4.1 单脉冲系统信号矢量关系图

在镜像对称多径条件下,指向目标的单脉冲系统和波束、差波束在镜像方向处均形成了零点,单脉冲比为

$$\frac{\Delta_1}{\Sigma_1}=\frac{\Delta_d+\rho\Delta_i'}{\Sigma_d+\rho\Sigma_i'}\approx\frac{\Delta_d}{\Sigma_d} \tag{4.1}$$

镜像反射信号对直达信号的测量影响大大减弱了。同样,指向镜像的单脉冲系统和波束、差波束在目标方向也形成零点,单脉冲比为

$$\frac{\Delta_2}{\Sigma_2}=\frac{\Delta_i+\rho\Delta_d'}{\Sigma_i+\rho\Sigma_d'}\approx\frac{\Delta_i}{\Sigma_i} \tag{4.2}$$

可见,直达信号对镜像反射信号的测量影响也大大减弱了。

该方法减小了两套单脉冲系统之间的互相影响,并且不依赖于未知的复反射系数,但该方法单次解算误差较大,需要迭代处理。从系统实现而言,关键是形成两套单脉冲系统的和波束方向图、差波束方向图。

4.3 双零点单脉冲测角算法

4.3.1 多径阵列信号模型

在镜像对称多径条件下，阵列接收目标单次(快拍)回波的信号模型为

$$\boldsymbol{x}=A_1\boldsymbol{s}(u)+A_2\boldsymbol{s}(-u)+\boldsymbol{n} \tag{4.3}$$

其中，A_1 为直达信号复幅度；A_2 为镜像反射信号复幅度；$\boldsymbol{s}(u)=\frac{1}{\sqrt{N}}[\mathrm{e}^{-\mathrm{j}\pi\frac{N-1}{2}u},\mathrm{e}^{-\mathrm{j}\pi\frac{N-3}{2}u},\cdots,\mathrm{e}^{\mathrm{j}\pi\frac{N-1}{2}u}]^{\mathrm{T}}$ 为阵列导向矢量；$u=\sin\theta$ 为目标仰角 θ 的正弦，因此测量 u 和测量 θ 是等价的；$\boldsymbol{n}$ 为接收机热噪声矢量，为独立同分布零均值复高斯白噪声矢量，协方差矩阵 $E\{\boldsymbol{nn}^{\mathrm{H}}\}=\sigma^2\boldsymbol{I}_N$，$\sigma^2$ 为接收机噪声强度，$\boldsymbol{I}_N$ 表示 N 维单位矩阵。

通常接收机噪声强度 σ^2 已知，信号模型中未知参数有三个，即 A_1、A_2 和 u。求出 $\hat{u}$ 以后，容易得到 $\hat{\theta}=\arcsin(\hat{u})$；求出 $\hat{A}_1$，$\hat{A}_2$ 后，自然得到复反射系数的估计 $\hat{\rho}=\frac{\hat{A}_2}{\hat{A}_1}$。

4.3.2 ML 估计

根据阵列接收噪声矢量的分布特性，利用 ML 估计原理(见附录 4A)，可得三个未知参量的 ML 估计为

$$\hat{A}_1,\hat{A}_2,\hat{u}=\arg\min_{A_1,A_2,u} f(A_1,A_2,u)=\|\boldsymbol{x}-A_1\boldsymbol{s}(u)-A_2\boldsymbol{s}(-u)\|^2 \tag{4.4}$$

根据最优化理论，最优估计值满足方程组

$$\frac{\partial}{\partial A_1^*}f(A_1,A_2,u)=-\boldsymbol{s}^{\mathrm{H}}(u)\boldsymbol{x}+A_1+A_2\,\boldsymbol{s}^{\mathrm{H}}(u)\boldsymbol{s}(-u)=0 \tag{4.5}$$

$$\frac{\partial}{\partial A_2^*}f(A_1,A_2,u)=-\boldsymbol{s}^{\mathrm{H}}(-u)\boldsymbol{x}+A_1\boldsymbol{s}^{\mathrm{H}}(-u)\boldsymbol{s}(u)+A_2=0 \tag{4.6}$$

$$\frac{\partial}{\partial u}f(A_1,A_2,u)=\mathrm{Re}\{A_1^*\,\boldsymbol{d}^{\mathrm{H}}(u)[\boldsymbol{x}-A_2\boldsymbol{s}(-u)]\}-\mathrm{Re}\{A_2^*\,\boldsymbol{d}^{\mathrm{H}}(-u)[\boldsymbol{x}-A_1\boldsymbol{s}(u)]\}=0 \tag{4.7}$$

其中，

$$\boldsymbol{d}(u)=\frac{\mathrm{d}}{\mathrm{d}u}\boldsymbol{s}(u)=\mathrm{j}\pi\boldsymbol{x}_{\mathrm{e}}\odot\boldsymbol{s}(u) \tag{4.8}$$

为信号导向矢量的导数矢量(见附录 4B)，本质是常规差波束权矢量。$\boldsymbol{x}_{\mathrm{e}}=$

$\left[-\frac{N-1}{2},-\frac{N-3}{2},\cdots,\frac{N-1}{2}\right]^{\mathrm{T}}$ 为阵元相对位置矢量，"⊙"表示 Hadamard 积。并且 $\boldsymbol{d}^{\mathrm{H}}(u)\boldsymbol{s}(u)=0$，差波束权矢量与和波束权矢量正交。

显然，直接求解该方程组的解析解是非常困难的，采用迭代方法可以求解最优值。其核心思想是在当前波束指向的条件下测量目标的仰角，下一步波束指向该仰角方向，重新测量新的仰角，迭代下去，直至收敛稳定，通常仅需若干步即可收敛。

4.3.3 双单脉冲测角

为表述方便，指向目标和镜像的单脉冲系统分别简记为单脉冲系统Ⅰ和单脉冲系统Ⅱ。假定当前两套单脉冲系统的波束指向分别为 u_{b} 和 $-u_{\mathrm{b}}$。令 $\boldsymbol{s}(u_{\mathrm{b}})\overset{\mathrm{def}}{=}\boldsymbol{s}_1$，$\boldsymbol{s}(-u_{\mathrm{b}})\overset{\mathrm{def}}{=}\boldsymbol{s}_2$，$\boldsymbol{d}(u_{\mathrm{b}})\overset{\mathrm{def}}{=}\boldsymbol{d}_1$，$\boldsymbol{d}(-u_{\mathrm{b}})\overset{\mathrm{def}}{=}\boldsymbol{d}_2$。

联合式(4.5)、式(4.6)，求解线性方程组可得 A_1 和 A_2 的估计值为

$$\hat{A}_1=\frac{\boldsymbol{s}_1^{\mathrm{H}}\boldsymbol{x}-\boldsymbol{s}_1^{\mathrm{H}}\boldsymbol{s}_2\cdot\boldsymbol{s}_2^{\mathrm{H}}\boldsymbol{x}}{1-|\boldsymbol{s}_1^{\mathrm{H}}\boldsymbol{s}_2|^2}=\frac{(\boldsymbol{P}_{s_2\perp}\boldsymbol{s}_1)^{\mathrm{H}}\boldsymbol{x}}{\|\boldsymbol{P}_{s_2\perp}\boldsymbol{s}_1\|^2} \tag{4.9}$$

$$\hat{A}_2=\frac{\boldsymbol{s}_2^{\mathrm{H}}\boldsymbol{x}-\boldsymbol{s}_2^{\mathrm{H}}\boldsymbol{s}_1\cdot\boldsymbol{s}_1^{\mathrm{H}}\boldsymbol{x}}{1-|\boldsymbol{s}_2^{\mathrm{H}}\boldsymbol{s}_1|^2}=\frac{(\boldsymbol{P}_{s_1\perp}\boldsymbol{s}_2)^{\mathrm{H}}\boldsymbol{x}}{\|\boldsymbol{P}_{s_1\perp}\boldsymbol{s}_2\|^2} \tag{4.10}$$

其中，

$$\boldsymbol{P}_{s_1\perp}=\boldsymbol{I}-\boldsymbol{s}_1\boldsymbol{s}_1^{\mathrm{H}}=\boldsymbol{I}-\boldsymbol{s}(u_{\mathrm{b}})\boldsymbol{s}^{\mathrm{H}}(u_{\mathrm{b}}) \tag{4.11}$$

$$\boldsymbol{P}_{s_2\perp}=\boldsymbol{I}-\boldsymbol{s}_2\boldsymbol{s}_2^{\mathrm{H}}=\boldsymbol{I}-\boldsymbol{s}(-u_{\mathrm{b}})\boldsymbol{s}^{\mathrm{H}}(-u_{\mathrm{b}}) \tag{4.12}$$

分别表示到 $\boldsymbol{s}_1$ 和 $\boldsymbol{s}_2$ 的正交补空间上的正交投影矩阵。并且

$$\|\boldsymbol{P}_{s_1\perp}\boldsymbol{s}_2\|^2=\|\boldsymbol{P}_{s_2\perp}\boldsymbol{s}_1\|^2=1-|\boldsymbol{s}_2^{\mathrm{H}}\boldsymbol{s}_1|^2 \tag{4.13}$$

可以看出，$\hat{A}_1$ 实际上是单脉冲系统Ⅰ的修正和波束输出 Σ_1，接收目标信号的同时抑制了镜像信号；$\hat{A}_2$ 实际上是单脉冲系统Ⅱ的修正和波束输出 Σ_2，接收镜像信号的同时抑制了目标信号。

在式(4.7)中，令

$$\Delta_1=\boldsymbol{d}^{\mathrm{H}}(u)[\boldsymbol{x}-A_2\boldsymbol{s}(-u)] \tag{4.14}$$

$$\Delta_2=\boldsymbol{d}^{\mathrm{H}}(-u)[\boldsymbol{x}-A_1\boldsymbol{s}(u)] \tag{4.15}$$

将式(4.10)代入式(4.14)可得

$$\Delta_1=\boldsymbol{d}_1^{\mathrm{H}}\left[\boldsymbol{x}-\frac{(\boldsymbol{P}_{s_1\perp}\boldsymbol{s}_2)^{\mathrm{H}}\boldsymbol{x}}{\|\boldsymbol{P}_{s_1\perp}\boldsymbol{s}_2\|^2}\boldsymbol{s}_2\right]=\boldsymbol{d}_1^{\mathrm{H}}\left[\boldsymbol{I}-\frac{\boldsymbol{s}_2\ (\boldsymbol{P}_{s_1\perp}\boldsymbol{s}_2)^{\mathrm{H}}}{\|\boldsymbol{P}_{s_1\perp}\boldsymbol{s}_2\|^2}\right]\boldsymbol{x} \tag{4.16}$$

将式(4.9)代入式(4.15)可得

$$\Delta_2=\boldsymbol{d}_2^{\mathrm{H}}\left[\boldsymbol{x}-\frac{(\boldsymbol{P}_{s_2\perp}\boldsymbol{s}_1)^{\mathrm{H}}\boldsymbol{x}}{\|\boldsymbol{P}_{s_2\perp}\boldsymbol{s}_1\|^2}\boldsymbol{s}_1\right]=\boldsymbol{d}_2^{\mathrm{H}}\left[\boldsymbol{I}-\frac{\boldsymbol{s}_1\ (\boldsymbol{P}_{s_2\perp}\boldsymbol{s}_1)^{\mathrm{H}}}{\|\boldsymbol{P}_{s_2\perp}\boldsymbol{s}_1\|^2}\right]\boldsymbol{x} \tag{4.17}$$

可以看出，式(4.16)相当于单脉冲系统Ⅰ修正差波束输出，抑制了镜像信号

对目标角度测量的影响；式(4.17)相当于单脉冲系统Ⅱ修正差波束输出，抑制了目标信号对镜像角度测量的影响。

将式(4.9)、式(4.10)、式(4.16)、式(4.17)代入式(4.7)，进一步简化得到

$$\mathrm{Re}\{\Sigma_1^* \Delta_1\} = \mathrm{Re}\{\Sigma_2^* \Delta_2\} \tag{4.18}$$

即

$$|\Sigma_1|^2 \mathrm{Re}\left\{\frac{\Delta_1}{\Sigma_1}\right\} = |\Sigma_2|^2 \mathrm{Re}\left\{\frac{\Delta_2}{\Sigma_2}\right\} \tag{4.19}$$

在镜像对称多径条件下，两套单脉冲系统单脉冲比符号是相反的，即

$$\mathrm{Re}\left\{\frac{\Delta_1}{\Sigma_1}\right\} \cdot \mathrm{Re}\left\{\frac{\Delta_2}{\Sigma_2}\right\} < 0 \tag{4.20}$$

该现象可以由图 4.2 来解释。

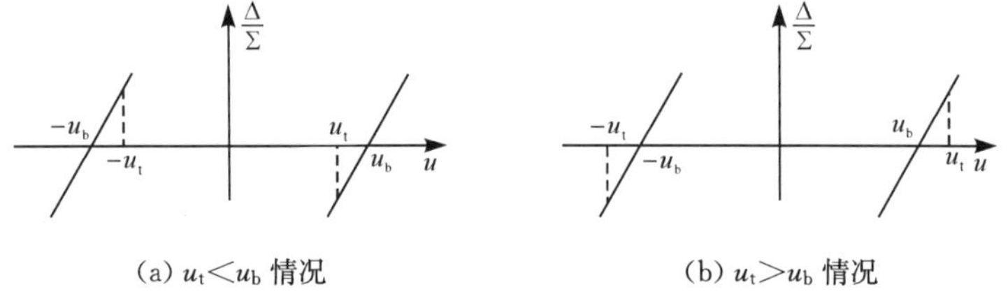

(a) $u_t < u_b$ 情况　　(b) $u_t > u_b$ 情况

图 4.2　双单脉冲系统鉴角曲线示意图

因此，根据式(4.19)和式(4.20)可得

$$\mathrm{Re}\left\{\frac{\Delta_1}{\Sigma_1}\right\} = 0 \tag{4.21}$$

$$\mathrm{Re}\left\{\frac{\Delta_2}{\Sigma_2}\right\} = 0 \tag{4.22}$$

实际上，当目标仰角偏离波束指向时，单脉冲比不等于零，但是可以在波束指向处进行一阶线性近似，对于单脉冲系统Ⅰ和单脉冲系统Ⅱ分别有

$$\mathrm{Re}\left\{\frac{\Delta_1}{\Sigma_1}\right\} = \kappa(u - u_b) \tag{4.23}$$

$$\mathrm{Re}\left\{\frac{\Delta_2}{\Sigma_2}\right\} = \kappa[-u - (-u_b)] \tag{4.24}$$

其中，κ 为鉴角曲线斜率。根据式(4.23)和式(4.24)可以对 u 进行更新

$$\hat{u} = u_b + \frac{1}{\kappa} \cdot \mathrm{Re}\left\{\frac{\Delta_1}{\Sigma_1}\right\} \tag{4.25}$$

$$\hat{u} = u_b - \frac{1}{\kappa} \cdot \mathrm{Re}\left\{\frac{\Delta_2}{\Sigma_2}\right\} \tag{4.26}$$

可以看出，单脉冲系统Ⅰ可以直接对目标的仰角进行更新，单脉冲系统Ⅱ可以通过更新镜像仰角进而对目标仰角进行更新，因此可以对两种更新进行加权融合处

理，即

$$\hat{u}=u_b+\frac{1}{\kappa}\cdot\frac{|\hat{A}_1|^2\mathrm{Re}\left[\frac{\Delta_1}{\Sigma_1}\right]-|\hat{A}_2|^2\mathrm{Re}\left[\frac{\Delta_2}{\Sigma_2}\right]}{|\hat{A}_1|^2+|\hat{A}_2|^2} \tag{4.27}$$

也就是说，对目标和镜像的测量结果按照 SNR 的不同分别给予不同的加权，由于复反射系数的模小于 1，因此对于目标的测量结果占的权重大于镜像的权重，相对文献[4]而言，融合处理使得收敛加速。

单脉冲系统Ⅰ和Ⅱ的波束指向更新为 $u_b=\hat{u}$、$-u_b=-\hat{u}$，重新进行迭代，直至 $|\hat{u}-u_b|\leqslant\varepsilon$，迭代停止。

4.3.4 复反射系数估计

当两套单脉冲系统迭代停止以后，根据两套单脉冲系统的和波束输出可以得到复反射系数的估计为

$$\hat{\rho}=\frac{\hat{A}_2}{\hat{A}_1}=\frac{\Sigma_2}{\Sigma_1}=\frac{(\boldsymbol{P}_{s_1\perp}\boldsymbol{s}_2)^{\mathrm{H}}\boldsymbol{x}}{(\boldsymbol{P}_{s_2\perp}\boldsymbol{s}_1)^{\mathrm{H}}\boldsymbol{x}} \tag{4.28}$$

4.4 修正和波束方向图、差方向图及鉴角曲线

前一节推导了镜像对称多径条件下双零点单脉冲系统测角算法，接下来详细研究两套单脉冲系统修正和波束方向图、差波束方向图及鉴角曲线。

4.4.1 修正和波束、差波束权矢量

根据式(4.9)、式(4.10)，可得两套单脉冲系统修正和波束权矢量分别为

$$\boldsymbol{w}_{\Sigma_1}=\frac{\boldsymbol{P}_{s_2\perp}\boldsymbol{s}_1}{\|\boldsymbol{P}_{s_2\perp}\boldsymbol{s}_1\|^2} \tag{4.29}$$

$$\boldsymbol{w}_{\Sigma_2}=\frac{\boldsymbol{P}_{s_1\perp}\boldsymbol{s}_2}{\|\boldsymbol{P}_{s_1\perp}\boldsymbol{s}_2\|^2} \tag{4.30}$$

显然，$\boldsymbol{w}_{\Sigma_1}^{\mathrm{H}}\boldsymbol{s}_1=1$，$\boldsymbol{w}_{\Sigma_1}^{\mathrm{H}}\boldsymbol{s}_2=0$；$\boldsymbol{w}_{\Sigma_2}^{\mathrm{H}}\boldsymbol{s}_1=0$，$\boldsymbol{w}_{\Sigma_2}^{\mathrm{H}}\boldsymbol{s}_2=1$。

根据式(4.16)、式(4.17)，可得两套单脉冲系统修正差波束权矢量分别为

$$\boldsymbol{w}_{\Delta_1}=\left[\boldsymbol{I}-\frac{(\boldsymbol{P}_{s_1\perp}\boldsymbol{s}_2)\boldsymbol{s}_2^{\mathrm{H}}}{\|\boldsymbol{P}_{s_1\perp}\boldsymbol{s}_2\|^2}\right]\boldsymbol{d}_1=\boldsymbol{d}_1-\frac{\boldsymbol{s}_2^{\mathrm{H}}\boldsymbol{d}_1}{\|\boldsymbol{P}_{s_1\perp}\boldsymbol{s}_2\|^2}(\boldsymbol{P}_{s_1\perp}\boldsymbol{s}_2) \tag{4.31}$$

$$\boldsymbol{w}_{\Delta_2}=\left[\boldsymbol{I}-\frac{(\boldsymbol{P}_{s_2\perp}\boldsymbol{s}_1)\boldsymbol{s}_1^{\mathrm{H}}}{\|\boldsymbol{P}_{s_2\perp}\boldsymbol{s}_1\|^2}\right]\boldsymbol{d}_2=\boldsymbol{d}_2-\frac{\boldsymbol{s}_1^{\mathrm{H}}\boldsymbol{d}_2}{\|\boldsymbol{P}_{s_2\perp}\boldsymbol{s}_1\|^2}(\boldsymbol{P}_{s_2\perp}\boldsymbol{s}_1) \tag{4.32}$$

显然，$\boldsymbol{w}_{\Delta_1}^{\mathrm{H}}\boldsymbol{s}_1=0$，$\boldsymbol{w}_{\Delta_1}^{\mathrm{H}}\boldsymbol{s}_2=0$；$\boldsymbol{w}_{\Delta_2}^{\mathrm{H}}\boldsymbol{s}_1=0$，$\boldsymbol{w}_{\Delta_2}^{\mathrm{H}}\boldsymbol{s}_2=0$。

4.4.2 修正和波束方向图、修正差波束方向图

单脉冲系统Ⅰ的修正和波束方向图、修正差波束方向图函数(见附录4C)分别为

$$\Sigma_1(u)=\frac{V_\Sigma(u-u_\mathrm{b})-V_\Sigma(2u_\mathrm{b})V_\Sigma(u+u_\mathrm{b})}{1-V_\Sigma^2(2u_\mathrm{b})} \tag{4.33}$$

$$\Delta_1(u)=V_\Delta(u-u_\mathrm{b})+\frac{V_\Delta(2u_\mathrm{b})}{1-V_\Sigma^2(2u_\mathrm{b})}\left[V_\Sigma(u+u_\mathrm{b})-V_\Sigma(2u_\mathrm{b})V_\Sigma(u-u_\mathrm{b})\right] \tag{4.34}$$

其中，$V_\Sigma(u)=\dfrac{\sin\left(\dfrac{N\pi}{2}u\right)}{N\sin\left(\dfrac{\pi}{2}u\right)}$为常规和波束，容易得到$\Sigma_1(u_\mathrm{b})=1$，$\Sigma_1(-u_\mathrm{b})=0$；$\Delta_1(u_\mathrm{b})=0$，$\Delta_1(-u_\mathrm{b})=0$。

单脉冲系统Ⅱ的修正和波束方向图、修正差波束方向图函数分别为

$$\Sigma_2(u)=\frac{V_\Sigma(u+u_\mathrm{b})-V_\Sigma(2u_\mathrm{b})V_\Sigma(u-u_\mathrm{b})}{1-V_\Sigma^2(2u_\mathrm{b})} \tag{4.35}$$

$$\Delta_2(u)=V_\Delta(u+u_\mathrm{b})-\frac{V_\Delta(2u_\mathrm{b})}{1-V_\Sigma^2(2u_\mathrm{b})}\left[V_\Sigma(u-u_\mathrm{b})-V_\Sigma(2u_\mathrm{b})V_\Sigma(u+u_\mathrm{b})\right] \tag{4.36}$$

容易得到$\Sigma_2(-u_\mathrm{b})=1$，$\Sigma_2(u_\mathrm{b})=0$；$\Delta_2(-u_\mathrm{b})=0$，$\Delta_2(u_\mathrm{b})=0$。

4.4.3 单脉冲鉴角函数

单脉冲系统鉴角曲线定义为差波束方向图除以和波束方向图，单脉冲系统Ⅰ和单脉冲Ⅱ的鉴角函数分别为

$$\begin{aligned}\frac{\Delta_1(u)}{\Sigma_1(u)}=&\frac{\left[1-V_\Sigma^2(2u_\mathrm{b})\right]V_\Delta(u-u_\mathrm{b})}{V_\Sigma(u-u_\mathrm{b})-V_\Sigma(2u_\mathrm{b})V_\Sigma(u+u_\mathrm{b})}\\&+\frac{V_\Delta(2u_\mathrm{b})\left[V_\Sigma(u+u_\mathrm{b})-V_\Sigma(2u_\mathrm{b})V_\Sigma(u-u_\mathrm{b})\right]}{V_\Sigma(u-u_\mathrm{b})-V_\Sigma(2u_\mathrm{b})V_\Sigma(u+u_\mathrm{b})}\end{aligned} \tag{4.37}$$

$$\begin{aligned}\frac{\Delta_2(u)}{\Sigma_2(u)}=&\frac{\left[1-V_\Sigma^2(2u_\mathrm{b})\right]V_\Delta(u+u_\mathrm{b})}{V_\Sigma(u+u_\mathrm{b})-V_\Sigma(2u_\mathrm{b})V_\Sigma(u-u_\mathrm{b})}\\&-\frac{V_\Delta(2u_\mathrm{b})\left[V_\Sigma(u-u_\mathrm{b})-V_\Sigma(2u_\mathrm{b})V_\Sigma(u+u_\mathrm{b})\right]}{V_\Sigma(u+u_\mathrm{b})-V_\Sigma(2u_\mathrm{b})V_\Sigma(u-u_\mathrm{b})}\end{aligned} \tag{4.38}$$

考虑16元半波长均匀线阵，当目标仰角正弦为$u_0=0.5u_{3\mathrm{dB}}$时，两套单脉冲系统的修正和波束方向图、修正差波束方向图如图4.3所示，对应的双单脉冲鉴角曲线如图4.4所示。

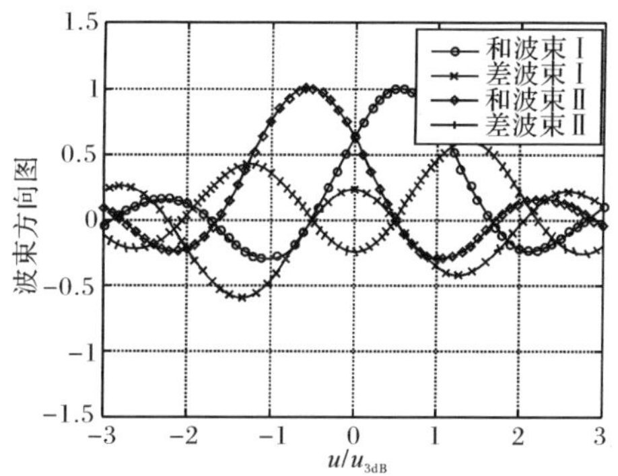

图 4.3 双单脉冲系统修正和波束方向图、修正差波束方向图

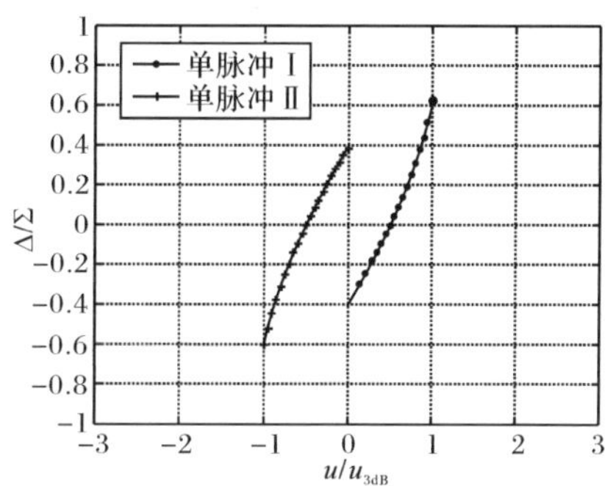

图 4.4 双单脉冲系统鉴角曲线

从图 4.3 可以看出，对于单脉冲系统Ⅰ，和波束在 $u_0=0.5u_{3dB}$处取得峰值，差波束在 $u_0=0.5u_{3dB}$形成零点；和波束、差波束均在$-u_0=-0.5u_{3dB}$形成零点，也就是说在测量目标仰角时抑制了镜像多径信号的影响。而对于单脉冲系统Ⅱ，和波束在$-u_0=-0.5u_{3dB}$处取得峰值，差波束在$-u_0=-0.5u_{3dB}$形成零点；和波束、差波束均在 $u_0=0.5u_{3dB}$形成零点，也就是说在测量镜像仰角时抑制了目标信号的影响。从图 4.4 可以看出，双单脉冲系统鉴角曲线在波束指向附近近似为直线。

在双零点单脉冲测角方法中，波束指向随着迭代而变化，鉴角曲线也随之变化。图 4.5 给出了不同波束指向时的鉴角曲线。

图 4.5 给出了波束指向$\pm u_{3dB}$、$\pm\frac{3}{4}u_{3dB}$、$\pm\frac{1}{2}u_{3dB}$、$\pm\frac{3}{8}u_{3dB}$、$\pm\frac{1}{4}u_{3dB}$时的鉴角曲线，可以看出，随着波束指向降低，鉴角曲线的斜率也逐渐减小。

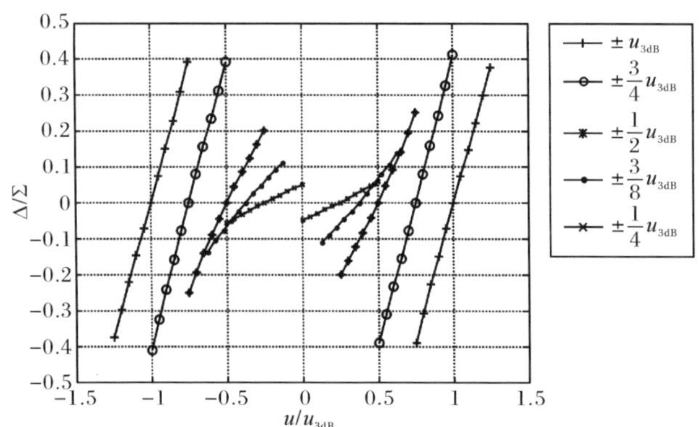

图 4.5　双单脉冲系统鉴角曲线与波束指向的关系

4.5　性能分析

考虑垂直均匀线阵，阵元间距为半波长，阵元数为 $N=16$，则波束宽度为 $\theta_{3dB}=0.886\frac{\lambda}{Nd}\approx 6.35°$。SNR 定义为直达信号功率与阵元噪声方差的比，即 $\mathrm{SNR}=\frac{|A_1|^2}{\sigma^2}$。$\mathrm{RMSE}=\sqrt{E[(\hat{\theta}-\theta_d)^2]}$。针对低角跟踪问题，为了得到一般性结论，目标仰角、RMSE 均对波束宽度进行归一化，目标相对仰角为 $\bar{\theta}_d=\theta_d/\theta_{3dB}$，相对均方根误差为 $\mathrm{NRMSE}=\mathrm{RMSE}/\theta_{3dB}$。

低仰角条件下双单脉冲测角性能与 SNR、目标仰角以及 ρ 有关，下面分情况讨论。在研究某一因素对测角性能影响时，固定其他参数为典型值。为分析统计性能进行 Monte Carlo 仿真，仿真次数为 1000。

4.5.1　与 SNR 的关系

在该实验中，设定 $\rho=0.8e^{j\frac{160°}{180°}\pi}$，$\bar{\theta}_d=0.25$，图 4.6 给出了 NRMSE 与 SNR 的关系曲线。

可以看出，随着 SNR 的增加，NRMSE 较小，测角精度提高，这是测量问题普遍的规律。利用该曲线可以根据测量精度对 SNR 提出要求。

4.5.2　与目标仰角的关系

在该实验中，设定 $\rho=0.8e^{j\frac{160°}{180°}\pi}$，SNR＝30dB，图 4.7 给出了 NRMSE 与 $\bar{\theta}_d$ 的关系曲线。

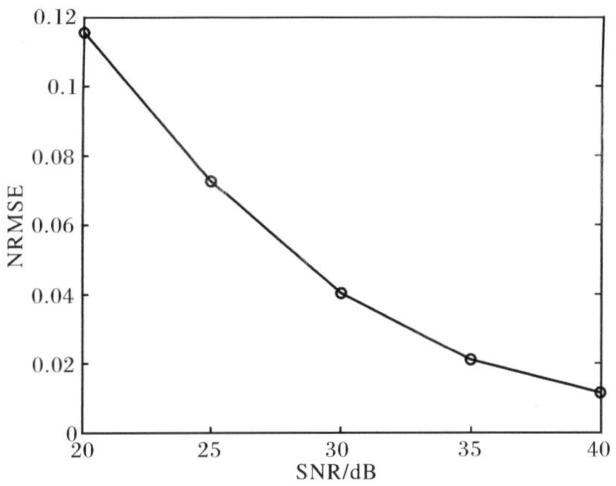

图 4.6 NRMSE 与 SNR 的关系曲线

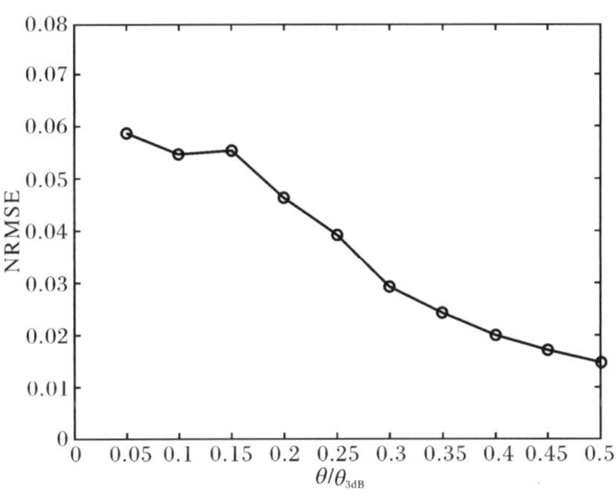

图 4.7 NRMSE 与 $\bar{\theta}_{\mathrm{d}}$ 的关系曲线

可以看出，随着 $\bar{\theta}_{\mathrm{d}}$ 下降，NRMSE 增大，测量精度下降，这是多径问题的特有规律，目标仰角越低，多径信号与直达信号的夹角越小，多径对测角的影响越剧烈。

4.5.3 与 $\boldsymbol{\rho}$ 的关系

在该实验中，$\bar{\theta}_{\mathrm{d}}=\dfrac{1}{3}$，SNR＝30dB，图 4.8 给出了 NRMSE 与 ρ 的关系。

可以看出，测角精度在 ρ 平面内关于实轴对称，也就是说 ρ 相位符号对测角无影响。并且仰角估计精度随着 $|1+\rho|$ 减小而变大，也就是说越接近“理想镜面反射”，精度越差，这一点在第三章已得到证明，由于 ρ 的影响，测角精度相差可达 8 倍。

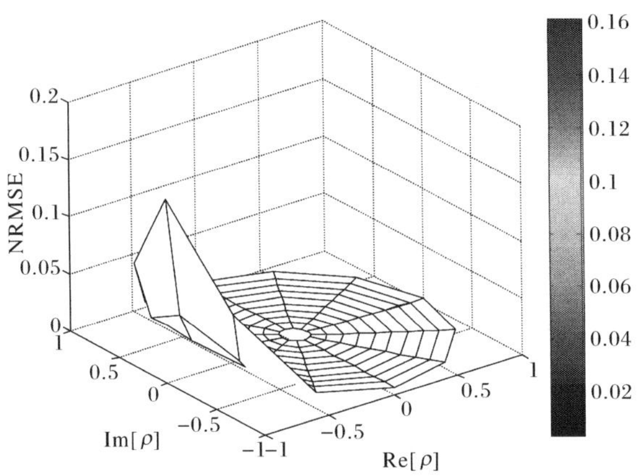

图 4.8　NRMSE 与 ρ 的关系曲面

4.6　实测数据处理

应用双零点单脉冲技术对某米波阵列雷达外场实际测量数据进行分析处理。对民航目标进行观测，经过脉冲压缩、快拍提取、通道误差补偿等预处理后，利用本方法得到雷达对三批目标的低角跟踪结果，如图 4.9 所示，其中目标仰角和测角误差均对波束宽度进行归一化。

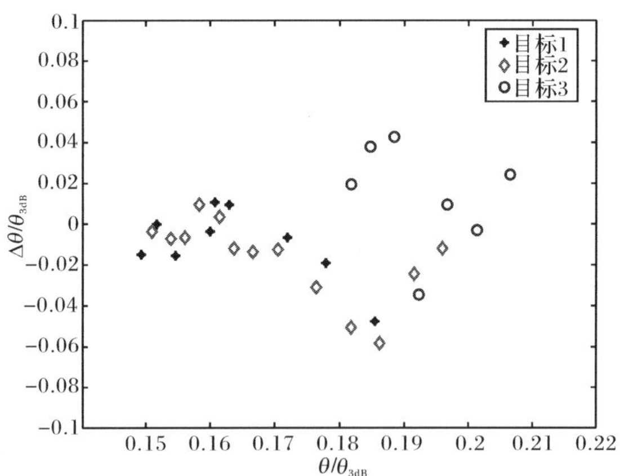

图 4.9　实测数据处理结果

雷达跟踪了三批目标，共 29 次测量，目标相对仰角分布在 0.15～0.21，相当于非常困难的低角跟踪情形。经处理后，所有误差均小于 1/20，测角归一化均方根误差为 0.0237，小于 1/40，可以认为有效地解决了低角跟踪的问题。

三批实测数据估计出来的平均复反射系数分别为 $0.0926e^{-j\frac{85.8861}{180}\pi}$、$0.0954e^{-j\frac{81.5114}{180}\pi}$和 $0.6509e^{j\frac{36.9409}{180}\pi}$。

4.7 小 结

本章在阵列雷达的基础上通过 DBF 实现了双单脉冲测角方法，设计了双零点单脉冲系统修正和波束方向图、修正差波束方向图以及鉴角曲线，通过迭代处理实现对目标仰角的精确估计。

该方法测角性能与目标的仰角、ρ 有强烈的依赖关系，目标仰角越小，测角精度越差，这是由多径问题本身所决定的；ρ 越偏离理想镜面反射，测角精度越好。实测数据处理表明，当目标仰角小于 1/4 波束宽度时，测角误差小于 1/40 波束宽度，有效解决了多径条件下的低角跟踪问题。该方法具有以下三个优点：第一，该方法不依赖未知的 ρ；第二，该方法可以处理 $\rho=-1$ 的情况，即在理想镜面反射条件下仍然有效，只是误差较大；第三，该方法测量角度后还可以估计出 ρ。以上优点预示着该算法具有广泛的应用前景，即可以应用在米波陆地环境与 X 波段海环境下低仰角目标仰角的测量。

附录 4A ML 方程

阵列接收热噪声矢量服从零均值复正态分布，即

$$p(\boldsymbol{x}|A_1,A_2,u)=\frac{1}{\pi^N\sigma^{2N}}\exp\left\{-\frac{\|\boldsymbol{x}-A_1\boldsymbol{s}(u)-A_2\boldsymbol{s}(-u)\|^2}{\sigma^2}\right\} \quad (4A.1)$$

其中，噪声强度 σ^2 为常数。根据似然函数的定义，将上式取对数，并忽略常数项，可得似然函数为

$$f(A_1,A_2,u)=\|\boldsymbol{x}-A_1\boldsymbol{s}(u)-A_2\boldsymbol{s}(-u)\|^2 \quad (4A.2)$$

利用 ML 估计原理，可得三个未知参量的 ML 估计为

$$\hat{A}_1,\hat{A}_2,\hat{u}=\arg\min_{A_1,A_2,u} f(A_1,A_2,u)=\|\boldsymbol{x}-A_1\boldsymbol{s}(u)-A_2\boldsymbol{s}(-u)\|^2 \quad (4A.3)$$

附录 4B 导向矢量求导

对于均匀线阵，以阵列几何中心为相位参考点，以仰角方向正弦表示的导向矢量为

$$\boldsymbol{s}(u)=\frac{1}{\sqrt{N}}\left[\mathrm{e}^{\mathrm{j}\pi\left(-\frac{N-1}{2}\right)u},\mathrm{e}^{\mathrm{j}\pi\left(-\frac{N-3}{2}\right)u},\cdots,\mathrm{e}^{\mathrm{j}\pi\left(\frac{N-1}{2}\right)u}\right]^{\mathrm{T}} \tag{4B.1}$$

对参量 u 求导

$$\begin{aligned}\boldsymbol{d}(u)&=\frac{\mathrm{d}}{\mathrm{d}u}\boldsymbol{s}(u)=\frac{1}{\sqrt{N}}\left[\mathrm{j}\pi\left(-\frac{N-1}{2}\right)\mathrm{e}^{\mathrm{j}\pi\left(-\frac{N-1}{2}\right)u},\right.\\&\left.\mathrm{j}\pi\left(-\frac{N-3}{2}\right)\mathrm{e}^{\mathrm{j}\pi\left(-\frac{N-3}{2}\right)u},\cdots,\mathrm{j}\pi\left(\frac{N-1}{2}\right)\mathrm{e}^{\mathrm{j}\pi\left(\frac{N-1}{2}\right)u}\right]^{\mathrm{T}}\\&=\mathrm{j}\pi\left[-\frac{N-1}{2},-\frac{N-3}{2},\cdots,\frac{N-1}{2}\right]^{\mathrm{T}}\\&\odot\frac{1}{\sqrt{N}}\left[\mathrm{e}^{\mathrm{j}\pi\left(-\frac{N-1}{2}\right)u},\mathrm{e}^{\mathrm{j}\pi\left(-\frac{N-3}{2}\right)u},\cdots,\mathrm{e}^{\mathrm{j}\pi\left(\frac{N-1}{2}\right)u}\right]^{\mathrm{T}}\\&=\mathrm{j}\pi\boldsymbol{x}_{\mathrm{e}}\odot\boldsymbol{s}(u)\end{aligned} \tag{4B.2}$$

其中，$\boldsymbol{x}_{\mathrm{e}}=\left[-\frac{N-1}{2},-\frac{N-3}{2},\cdots,\frac{N-1}{2}\right]^{\mathrm{T}}$ 为阵元相对位置矢量；“$\odot$”表示 Hadamard 积。为了使差通道输出的热噪声功率为常数，通常对差波束范数进行归一化。

并且，差波束权矢量与和波束权矢量正交，即

$$\boldsymbol{d}^{\mathrm{H}}(u)\boldsymbol{s}(u)=0 \tag{4B.3}$$

附录 4C　修正和波束方向图、修正差波束方向图推导

根据式(4.29)可得单脉冲系统Ⅰ修正和波束方向图为

$$\Sigma_1(u)=\frac{(\boldsymbol{P}_{s_2\perp}\boldsymbol{s}_1)^{\mathrm{H}}}{\|\boldsymbol{P}_{s_2\perp}\boldsymbol{s}_1\|^2}\boldsymbol{s}(u)=\frac{V_\Sigma(u-u_1)-V_\Sigma(u_2-u_1)V_\Sigma(u-u_2)}{1-V_\Sigma^2(u_2-u_1)} \tag{4C.1}$$

将 $u_1=-u_2=u_{\mathrm{b}}$ 代入该式可得

$$\Sigma_1(u)=\frac{V_\Sigma(u-u_{\mathrm{b}})-V_\Sigma(2u_{\mathrm{b}})V_\Sigma(u+u_{\mathrm{b}})}{1-V_\Sigma^2(2u_{\mathrm{b}})} \tag{4C.2}$$

容易得到$\Sigma_2(-u_{\mathrm{b}})=1$，$\Sigma_2(u_{\mathrm{b}})=0$。

根据式(4.30)可得单脉冲系统Ⅰ修正差波束方向图为

$$\begin{aligned}\Delta_1(u)&=\boldsymbol{d}_1^{\mathrm{H}}\left[\boldsymbol{I}-\frac{\boldsymbol{s}_2(\boldsymbol{P}_{s_1\perp}\boldsymbol{s}_2)^{\mathrm{H}}}{\|\boldsymbol{P}_{s_1\perp}\boldsymbol{s}_2\|^2}\right]\boldsymbol{s}(u)\\&=\boldsymbol{d}_1^{\mathrm{H}}\boldsymbol{s}(u)-\frac{\boldsymbol{d}_1^{\mathrm{H}}\boldsymbol{s}_2}{\|\boldsymbol{P}_{s_1\perp}\boldsymbol{s}_2\|^2}\boldsymbol{s}_2^{\mathrm{H}}(\boldsymbol{I}-\boldsymbol{s}_1\boldsymbol{s}_1^{\mathrm{H}})\boldsymbol{s}(u)\\&=V_\Delta(u-u_1)-\frac{V_\Delta(u_2-u_1)}{1-V_\Sigma^2(u_2-u_1)}\\&\quad\times[V_\Sigma(u-u_2)-V_\Sigma(u_1-u_2)V_\Sigma(u-u_1)]\end{aligned} \tag{4C.3}$$

将 $u_1=-u_2=u_b$ 代入该式可得

$$\Delta_1(u)=V_\Delta(u-u_b)-\frac{V_\Delta(-2u_b)}{1-V_\Sigma^2(2u_b)}[V_\Sigma(u+u_b)-V_\Sigma(2u_b)V_\Sigma(u-u_b)] \tag{4C.4}$$

容易得到 $\Delta_2(-u_b)=0,\Delta_2(u_b)=0$。

将式(4C.2)、(4C.4)中 u_b 用 $-u_b$ 代替，可得单脉冲系统Ⅱ的修正和波束方向图、修正差波束方向图为

$$\Sigma_2(u)=\frac{V_\Sigma(u+u_b)-V_\Sigma(2u_b)V_\Sigma(u-u_b)}{1-V_\Sigma^2(2u_b)} \tag{4C.5}$$

$$\Delta_2(u)=V_\Delta(u+u_b)-\frac{V_\Delta(2u_b)}{1-V_\Sigma^2(2u_b)}[V_\Sigma(u-u_b)-V_\Sigma(2u_b)V_\Sigma(u+u_b)] \tag{4C.6}$$

容易得到 $\Sigma_2(-u_b)=1,\Sigma_2(u_b)=0;\Delta_2(-u_b)=0,\Delta_2(u_b)=0$。

参考文献

[1] Peyton Z, Peebles J R. Multipath angle error reduction using multiple-target methods. IEEE Transactions on AES, 1971, 7(6): 1123-1130.

[2] Peyton Z, Peebles J R. Further results on multipath angle error reduction using multiple-target methods. IEEE Transactions on AES, 1973, 9(5): 654-659.

[3] White W D. Low-angle radar tracking in the presence of multipath. IEEE Transactions on AES, 1974, 10(6): 835-852.

[4] White W D. Double null technique for low angle tracking. Microwave Journal, 1976, (11): 35-38.

[5] Zhao J H, Yang J Y. Double-null pattern synthesis for low-angle tracking//Proceedings of the ICMMT International Conference on Microwave and Millimeter Wave Technology, 2007: 1-4.

[6] Sebt M A, Sheikhi A, Nayebi M M. Robust low-angle estimation by an array radar. IET Radar, Sonar and Navigation, 2010, 4, (6): 780-790.

[7] Soyeon A, Eunjung Y, Joohwan C, et al. Low angle tracking using iterative multipath cancellation in sea surface environment. IEEE Radar Conference, 2010: 1156-1160.

第五章 子空间匹配法

5.1 引 言

著名低角跟踪问题专家White早在1979年就探讨了角谱技术在雷达中的应用问题[1]，研究表明，低角跟踪与一般的角谱估计存在本质区别，即信源间是相干的，利用角谱估计技术来解决低角跟踪没有任何价值可言。随后MIT林肯实验室的Evans提出质疑[2]，理论研究和有限的实验证明数据自适应(data adaptive)谱估计方法有助于复杂环境下低角跟踪问题的解决。

加拿大McMaster大学Haykin等针对低角跟踪问题研究了极大似然接收机[3~5]，分对称多径和非对称多径两种情况推导了ML接收机结构。对称条件下ML接收机与White接收机的结构本质上相同，非对称条件下ML接收可以处理多目标问题，通过仿真和外场实验验证了方法的有效性。

美国林肯实验室将声呐领域中的匹配场处理技术[6]MFP引入到雷达低角跟踪领域。其核心思想是：在传统的波束形成中，用多径条件下复合导向矢量代替自由空间常规导向矢量，根据多径几何关系以及复反射系数ρ规律预测复合导向矢量，当预测的复合导向矢量与阵列接收回波最匹配时，波束形成器输出最大，对应的角度即为目标仰角的估计。仿真研究表明：该方法特别依赖于反射面ρ规律，当ρ稍有偏差时，测角误差变得很大，因此限制了该方法在实际中的应用。

美国休斯航空公司研究了相干镜面反射条件下单目标的仰角估计问题[7]，并且分对称反射和非对称反射两种情况进行研究。基于多径反射信号与直达信号的相干关系，利用ML估计原理对信号模型中未知的ρ进行估计，然后用其ML估计代替真值，消除了ρ的影响，得到了仰角谱曲线。仿真验证了方法的有效性，研究表明：谱峰的尖锐程度与ρ的相位有关，当相位为0°时，估计精度最好，当相位为180°时，估计精度最差。最近，国内学者研究了匹配场技术在米波三坐标雷达中的应用问题[8,9]。

实际上，在镜面多径条件下，目标回波包含直达波和镜面反射波，复合导向矢量相当于直达和多径导向矢量的线性组合。从线性空间的角度看，直达信号导向矢量和镜面反射信号导向矢量共同张成信号子空间，由于阵列热噪声的影响，阵列接收信号矢量“不完全”落入信号子空间内。由于ρ未知，因此只能用信号子空间来对未知的回波进行匹配接收。给定阵列接收信号矢量，信号子空间随仰角变化而变化，匹配误差与信号子空间有关，当信号子空间与阵列接收矢量"最佳"匹配时，信号子空间对应的角度就是目标的仰角，因此该方法也称为子空间匹配法。

本章利用ML估计原理推导了子空间匹配算法，得到了ML仰角谱，谱峰对应于目标仰角，搜索出目标仰角之后可以进一步估计未知的ρ；通过仿真分析了仰角估计性能与SNR、目标仰角以及ρ的关系；利用实测数据检验了该算法的性能，并量化分析了该算法失效的原因。

5.2　多径阵列信号模型

在镜像对称多径条件下，阵列接收目标单个快拍回波模型为

$$\boldsymbol{x}=A_{\mathrm{d}}\boldsymbol{s}(\theta)+A_{\mathrm{i}}\boldsymbol{s}(-\theta)+\boldsymbol{n} \tag{5.1}$$

其中，θ为目标仰角；A_{d}为直达信号复幅度；A_{i}为多径反射信号复幅度；$\boldsymbol{s}(\theta)=[1,\mathrm{e}^{\mathrm{j}\pi\sin\theta},\cdots,\mathrm{e}^{\mathrm{j}\pi(N-1)\sin\theta}]^{\mathrm{T}}$为阵列导向矢量；$\boldsymbol{n}$为接收机热噪声矢量，为独立同分布零均值复高斯白噪声矢量，协方差矩阵$E\{\boldsymbol{n}\boldsymbol{n}^{\mathrm{H}}\}=\sigma^2\boldsymbol{I}_N$，$\sigma^2$为接收机噪声强度，$\boldsymbol{I}_N$表示$N$维单位矩阵。为了推导方便，上式可重写为

$$\boldsymbol{x}=\boldsymbol{A}(\theta)\boldsymbol{w}+\boldsymbol{n} \tag{5.2}$$

其中，$\boldsymbol{A}(\theta)=[\boldsymbol{s}(\theta)\quad \boldsymbol{s}(-\theta)]$为多径条件下信号矩阵；$\boldsymbol{w}=[A_{\mathrm{d}},A_{\mathrm{i}}]^{\mathrm{T}}$为信号复幅度矢量。通常接收机噪声强度$\sigma^2$已知，信号模型中未知参数有$\theta$和$\boldsymbol{w}$。

5.3　算法原理

5.3.1　ML谱估计

根据阵列接收噪声矢量的分布特性，利用ML估计原理可得未知参量的ML估计为

$$\hat{\theta},\hat{\boldsymbol{w}}=\arg\min_{\theta,\boldsymbol{w}}\|\boldsymbol{x}-\boldsymbol{A}(\theta)\boldsymbol{w}\|^2 \tag{5.3}$$

该ML估计问题实质上是可分离的非线性最小均方问题，固定参数θ，先对参数$\boldsymbol{w}$进行估计。代价函数对$\boldsymbol{w}^*$求共轭偏导，并令之为零向量

$$\boldsymbol{A}^{\mathrm{H}}(\theta)\boldsymbol{A}(\theta)\boldsymbol{w}-\boldsymbol{A}^{\mathrm{H}}(\theta)\boldsymbol{x}=\boldsymbol{0} \tag{5.4}$$

求解线性方程可得

$$\boldsymbol{w}=[\boldsymbol{A}^{\mathrm{H}}(\theta)\boldsymbol{A}(\theta)]^{-1}\boldsymbol{A}^{\mathrm{H}}(\theta)\boldsymbol{x} \tag{5.5}$$

成立的条件是矩阵$\boldsymbol{A}^{\mathrm{H}}(\theta)\boldsymbol{A}(\theta)$可逆，实际上$\theta$越小，$\boldsymbol{A}^{\mathrm{H}}(\theta)\boldsymbol{A}(\theta)$越接近奇异。

将式(5.5)代入式(5.3)，可得参量θ的ML估计为

$$\hat{\theta}=\arg\min_{\theta}\|\boldsymbol{x}-\boldsymbol{A}(\theta)[\boldsymbol{A}^{\mathrm{H}}(\theta)\boldsymbol{A}(\theta)]^{-1}\boldsymbol{A}^{\mathrm{H}}(\theta)\boldsymbol{x}\|^2=\|\boldsymbol{P}_{\mathrm{A}}^{\perp}(\theta)\boldsymbol{x}\|^2 \tag{5.6}$$

其中，$\boldsymbol{P}_{A^{\perp}}(\theta)=\boldsymbol{I}_N-\boldsymbol{A}(\theta)[\boldsymbol{A}^{\mathrm{H}}(\theta)\boldsymbol{A}(\theta)]^{-1}\boldsymbol{A}^{\mathrm{H}}(\theta)$为到矩阵 $\boldsymbol{A}(\theta)$列向量所张成子空间的正交补空间上的投影矩阵。由于$\|\boldsymbol{x}\|$为常数，所以上式也等价于

$$\hat{\theta}=\arg\max_{\theta} f_{\mathrm{ML}}(\theta)=\frac{\|\boldsymbol{x}\|^2}{\|\boldsymbol{P}_{A^{\perp}}(\theta)\boldsymbol{x}\|^2} \tag{5.7}$$

函数 $f_{\mathrm{ML}}(\theta)$即为 ML 仰角谱函数，谱峰位置即为目标仰角的估计，对仰角谱进行一维搜索即可得到 $\hat{\theta}$。

仰角谱函数存在极值的条件是：在目标仰角 θ_{T} 附近 $f'(\hat{\theta})=0$，并且 $f''(\hat{\theta})<0$。当目标仰角 θ_{T} 较小，且 SNR 较低时，ML 仰角谱函数可能没有峰值。

一方面，对于给定阵列孔径、ρ 以及 SNR 的条件下，存在临界的 $\theta_{\min}$，当 $\theta_{\mathrm{T}}\leqslant\theta_{\min}$时仰角谱函数没有峰值，该方法失效。另一方面，对于给定阵列孔径、ρ 以及目标仰角 θ_{T} 的条件下，存在临界的$\mathrm{SNR}_{\min}$，当 $\mathrm{SNR}\leqslant\mathrm{SNR}_{\min}$时仰角谱函数没有峰值，该方法失效。

仿真分析与实测数据处理结果可以证实上述结论，但从理论上证明比较困难。可以通过仿真的方法得出$\mathrm{SNR}_{\min}$与 θ_{T} 的关系曲线以及 $\theta_{\min}$与 SNR 的关系。

5.3.2 $\boldsymbol{\rho}$ 估计

根据式(5.7)搜索得到 $\hat{\theta}$ 后，将其代入式(5.5)，可得

$$\hat{\boldsymbol{w}}=[\boldsymbol{A}^{\mathrm{H}}(\hat{\theta})\boldsymbol{A}(\hat{\theta})]^{-1}\boldsymbol{A}^{\mathrm{H}}(\hat{\theta})\boldsymbol{x} \tag{5.8}$$

因此，ρ 的估计为

$$\hat{\rho}=\frac{\hat{\boldsymbol{w}}(2)}{\hat{\boldsymbol{w}}(1)} \tag{5.9}$$

其中，$\hat{\boldsymbol{w}}(1)$和 $\hat{\boldsymbol{w}}(2)$表示向量 $\hat{\boldsymbol{w}}$ 的两个元素。

5.3.3 几何解释

下面借助线性空间理论给出代价函数的几何解释，如图 5.1 所示。信号直达分量的导向矢量 $\boldsymbol{s}_{\mathrm{d}}=\boldsymbol{s}(\theta)$与反射分量的导向矢量 $\boldsymbol{s}_{\mathrm{i}}=\boldsymbol{s}(-\theta)$张成一个二维子空间。由于接收热噪声的存在使得阵列接收矢量 $\boldsymbol{x}$ 不完全落入信号子空间内，其与信号子空间的夹角为 α，ML 仰角谱函数可以表示为

$$f_{\mathrm{ML}}(\theta)=\frac{\|\boldsymbol{x}\|^2}{\|\boldsymbol{P}_{A^{\perp}}(\theta)\boldsymbol{x}\|^2}=\csc^2\alpha \tag{5.10}$$

显然，给定接收信号矢量 $\boldsymbol{x}$，夹角 α 随着θ 变化而变化。当夹角 α 达到最小时，对应

的 $\hat{\theta}$ 即为目标仰角的估计。

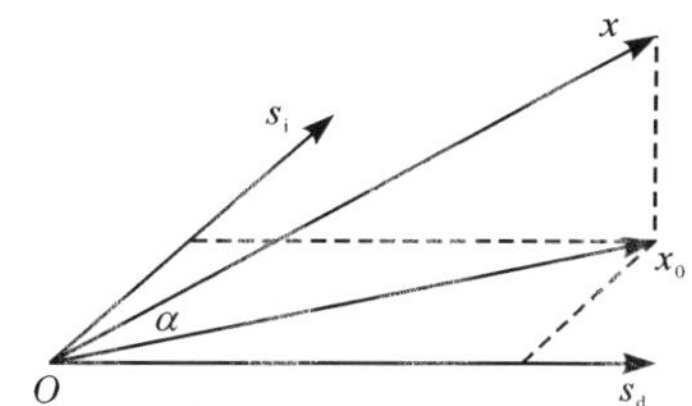

图 5.1　信号矢量空间几何关系示意图

设阵列接收矢量 $\boldsymbol{x}$ 在信号子空间的投影为 $\boldsymbol{x}_0$，$\boldsymbol{x}_0$ 可以线性表示为 $\boldsymbol{x}_0=\hat{A}_d\boldsymbol{s}_d+\hat{A}_i\boldsymbol{s}_i$，$\hat{A}_i$ 和 $\hat{A}_d$ 分别为 $\boldsymbol{x}_0$ 在矢量 $\boldsymbol{s}_i$ 和 $\boldsymbol{s}_d$ 上的坐标，它们之比即复反射系数的估计 $\hat{\rho}$。

5.4　性能分析

考虑垂直均匀线阵，阵元间距为半波长，阵元数为 $N=16$，则波束宽度为 $\theta_{3dB}=0.886\dfrac{\lambda}{Nd}\approx 6.35°$。SNR 定义为直达信号功率与阵元噪声方差的比，即 $\mathrm{SNR}=\dfrac{|A_d|^2}{\sigma^2}$。$\mathrm{RMSE}=\sqrt{E[(\hat{\theta}-\theta_d)^2]}$。针对低角跟踪问题，为了得到一般性结论，目标仰角、RMSE 均对波束宽度进行归一化，目标相对仰角为 $\bar{\theta}_d=\theta_d/\theta_{3dB}$，相对均方根误差为 $\mathrm{NRMSE}=\mathrm{RMSE}/\theta_{3dB}$。

低仰角条件下仰角谱估计性能与 SNR、目标仰角以及 ρ 有关，下面分情况讨论。在研究某一因素对测角性能影响时，固定其他参数为典型值。为分析统计性能进行 Monte Carlo 仿真，仿真次数为 1000。

5.4.1　与 SNR 的关系

在该实验中，设定目标相对仰角 $\bar{\theta}_d=\dfrac{1}{3}$，$\rho=0.8e^{j\frac{160°}{180°}\pi}$。图 5.2 给出了不同 SNR 条件下的 ML 仰角谱，图 5.3 给出了 NRMSE 与 SNR 的关系曲线。图 5.2 和图 5.3 分别从定性和定量的角度描述了 SNR 对估计精度的影响。

从图 5.2 可以看出，随着 SNR 的提高，仰角谱的谱峰越来越“尖锐”，预示着测量精度的提高。从图 5.3 可以看出，NRMSE 随着 SNR 的增加而减小，同时也可以根据测角精度对 SNR 提出要求。

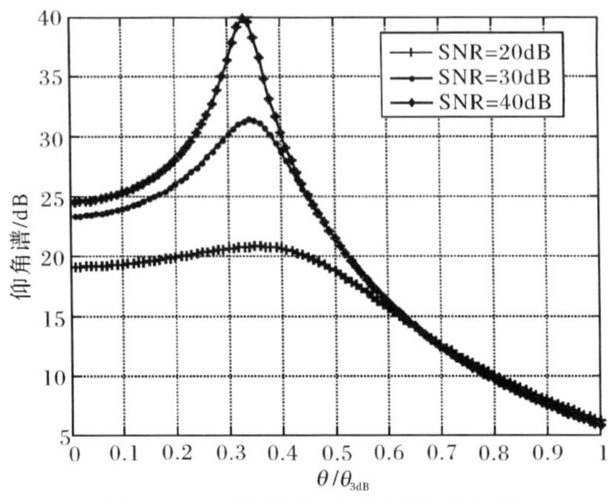

图 5.2　不同 SNR 条件下的仰角谱

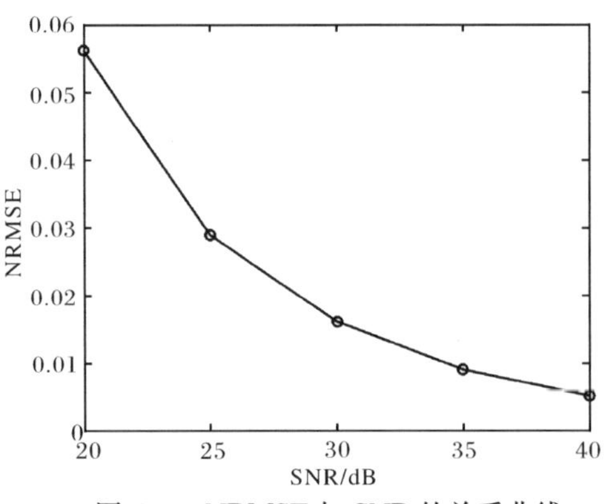

图 5.3　NRMSE 与 SNR 的关系曲线

5.4.2　与目标仰角的关系

在该实验中，设定 SNR=30dB，$\rho=0.8e^{j\frac{160^\circ}{180^\circ}\pi}$，图 5.4 给出了不同仰角条件下的 ML 仰角谱，图 5.5 给出了 NRMSE 与 $\bar{\theta}_d$ 的关系曲线。图 5.4 和图 5.5 分别从定性和定量的角度描述了目标仰角对估计精度的影响。

从图 5.4 可以看出，随着目标仰角的减小，仰角谱的谱峰越来越“胖”，预示着测量精度的下降，并且当目标仰角继续减小时，谱峰有“消失”的趋势，当谱峰“消失”时，则该算法失效，因此存在一个门限，当目标仰角低于该门限时，低角跟踪算法失效。从图 5.5 可以看出，NRMSE 随着目标仰角的减小而增大。

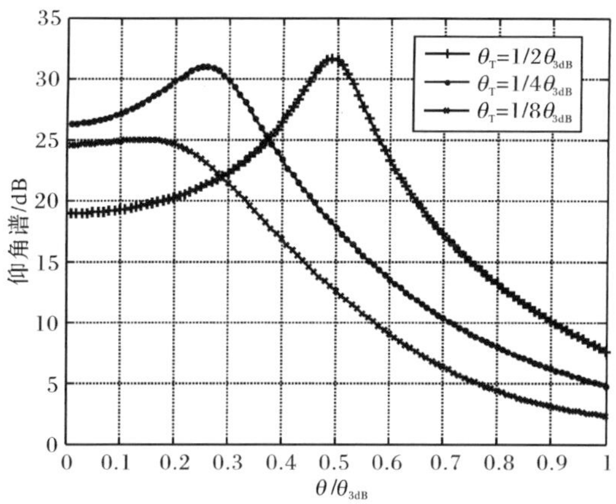

图 5.4　不同仰角条件下的仰角谱

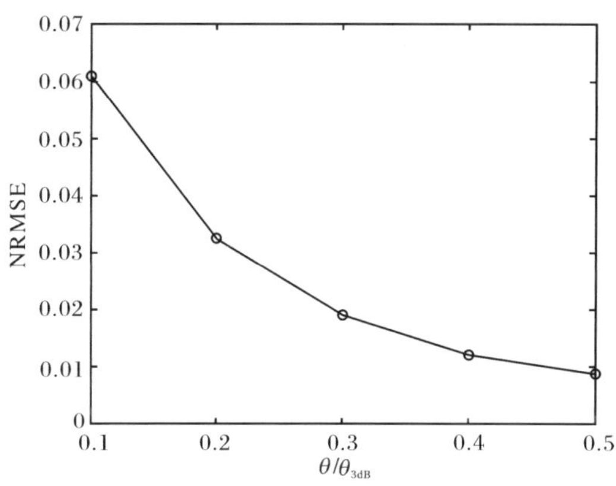

图 5.5　NRMSE 与 $\bar{\theta}_d$ 的关系曲线

5.4.3　与 $\boldsymbol{\rho}$ 的关系

在该实验中，设定 $\bar{\theta}_d=\frac{1}{3}$，SNR＝30dB，图 5.6 给出了 ρ 幅度对仰角谱的影响，其中相位固定为 160°；图 5.7 给出了 ρ 相位对仰角谱的影响，其中幅度固定为 0.8。图5.8给出了 $\rho=-1$ 时的仰角谱。图 5.9 给出了 NRMSE 与 ρ 的关系曲面。图5.6～图 5.9分别从定性和定量的角度描述了 ρ 对估计精度的影响。

从图 5.6 可以看出，当 ρ 相位固定时，ρ 幅度对仰角谱影响不大；从图 5.7 可以看出，当 ρ 幅度固定时，ρ 相位越小，仰角谱谱峰越尖锐；从两图对比来看，ρ 相位对仰角谱估计的影响更大。

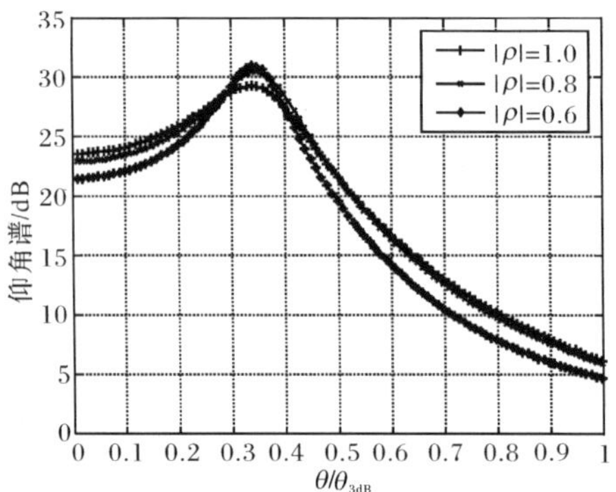

图 5.6　不同 ρ 幅度条件下的仰角谱

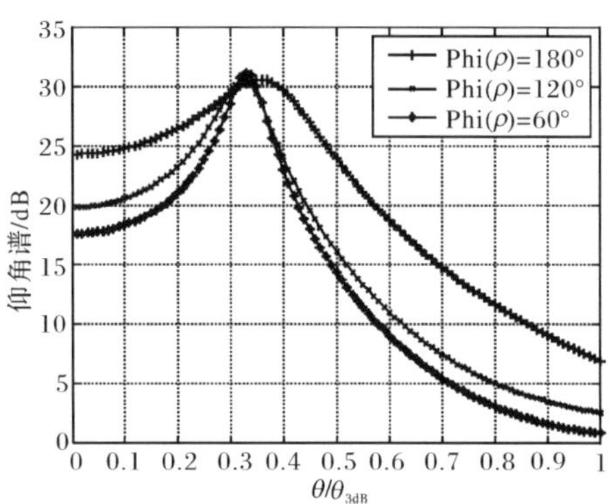

图 5.7　不同 ρ 相位条件下的仰角谱

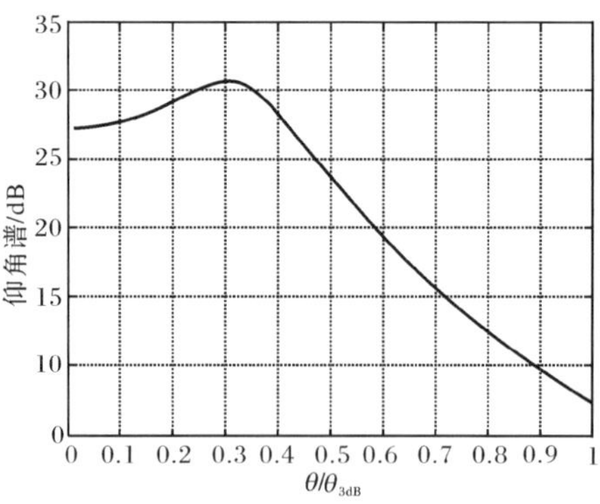

图 5.8　理想镜面反射条件下仰角谱

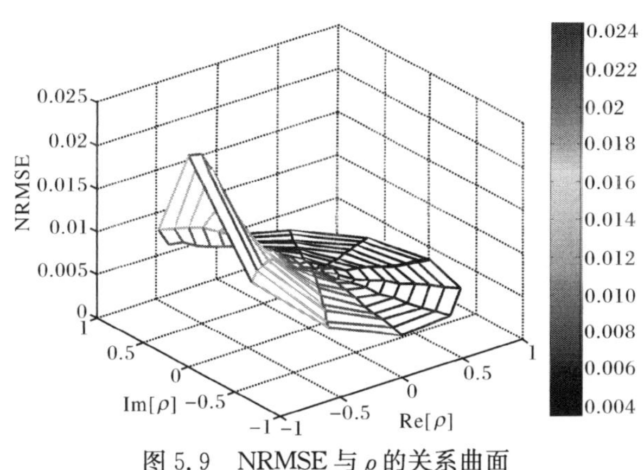

图 5.9　NRMSE 与 ρ 的关系曲面

从图 5.8 可以看出，对于理想镜面反射，即 $\rho=-1$ 时，仰角谱谱峰较"胖"，估计精度较差，但该方法仍然有效。

从图 5.9 可以看出，测量精度在 ρ 平面内关于实轴对称，也就是说，ρ 相位符号对测角无影响。并且仰角估计精度随着 $|1+\rho|$ 减小而变大，也就是说，越接近"理想镜面反射"，精度越差，这一点已在第三章得到证明，由于 ρ 的影响，测角精度相差可达 6 倍。

5.5　实测数据处理

5.5.1　实测数据仰角谱

应用该方法对某米波阵列雷达实际测量数据进行处理分析，雷达对民航目标进行观测，经过脉压处理、快拍提取、通道误差补偿等预处理后，利用本方法得到目标的仰角谱。图 5.10 展示了利用实测数据得到的仰角谱。可以看出，ML 仰角谱没有谱峰，因而无法从中估计出目标的仰角。

5.5.2　失效原因量化分析

从前述分析可知，对于已知的阵列天线，给定目标仰角 θ_T 与复反射系数 ρ，存在临界的 SNR_{min}，当 $SNR\leqslant SNR_{min}$ 时，仰角谱谱峰消失，因此存在函数 $SNR_{min}=f(\theta_T,\rho)$。由于实际情况中 ρ 未知，因此只能估计 SNR_{min} 的上限和下限，显然当 $\rho=-1$ 时得到 SNR_{min} 的上限，对应估计最困难的情况；当 $\rho=1$ 时得到 SNR_{min} 的下限，对应估计最容易的情况，其他 ρ 情况介于两者之间。图 5.11 给出了 SNR_{min} 与 θ_T 的关系。

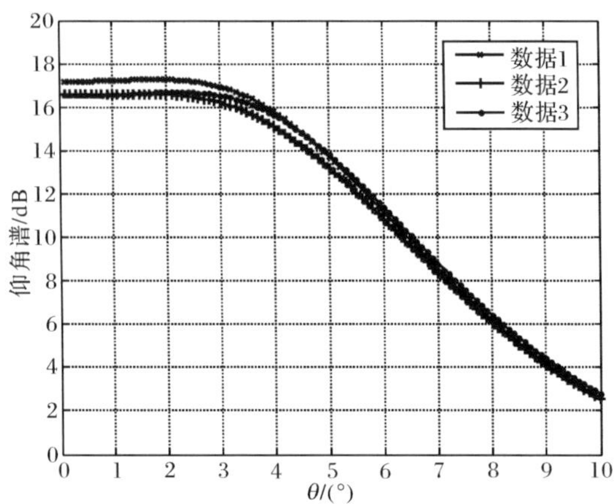

图 5.10 实测数据 ML 仰角谱

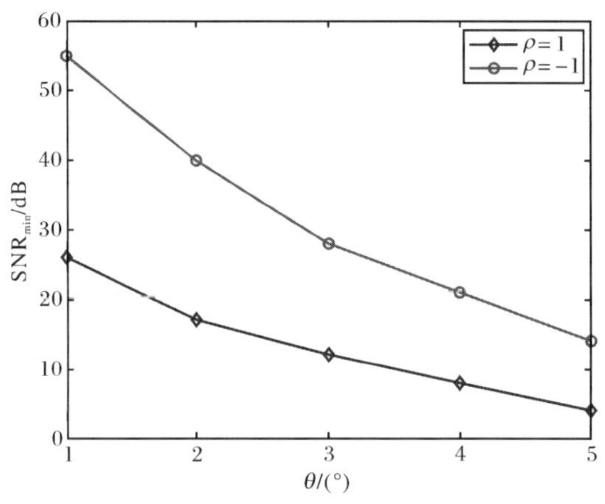

图 5.11 最小 SNR 与 θ_T 的关系曲线

实际数据中，目标真实仰角在 2°左右，需要的最小 SNR 在 20～40dB，考虑到复反射系数一般比较接近－1，所以需要的最小 SNR 约为 40dB，而实际系统的 SNR 大概只有 20dB，因此没有谱峰。

5.6 小 结

本章利用 ML 估计原理推导了子空间匹配算法，得到了 ML 仰角谱，估计出了目标仰角和 ρ。该方法测角性能与目标的仰角、ρ 有强烈的依赖关系，目标仰角越小测角精度越差，这是由多径问题本身所决定的；ρ 越偏离理想镜面反射，测角精度越好。实测数据处理表明，由于实际数据 SNR 较低，导致 ML 仰角谱谱峰消失。

该方法理论具有以下三个优点：第一，该方法不依赖未知的 ρ；第二，该方法可以处理 $\rho=-1$ 的情况，即在理想镜面反射条件下仍然适用；第三，该方法在测量角度的同时还可以估计出 ρ。但是该方法的缺点比较明显，在实际应用中要求的 SNR 较高，而这一点往往得不到满足，因此限制了该方法在低角跟踪中的应用。

参考文献

[1] White W D. Angular spectra in radar applications. IEEE Correspondence，1979：895-899.

[2] Evans J E. Comments on "Angular spectra in radar applications". IEEE Correspondence，1979：899-904.

[3] Haykin S，Reilly J，Taylor D. New realization of maximum likelihood receiver for low-angle tracking radar. Electronics Letters，1980，16(8)：288-289.

[4] Haykin S，Reilly J P. Maximum likelihood receiver for low-angle tracking radar，Part1：The symmetric case. IEE Proceedings，1982，129(4)：261-272.

[5] Reilly J P，Haykin S. Maximum likelihood receiver for low-angle tracking radar，Part2：The nonsymmetric case. IEE Proceedings，1982，129(5)：331-340.

[6] Jen K J. A matched array beam forming technique for low angle radar tracking in multipath. National Radar Conference，1994：171-176.

[7] William P B，Amin G J. Direction finding in the presence of fully correlated specular multipath. IEEE ICASSP，1988，(5)：2849-2852.

[8] Wang B H，Meng L Q，Cao X M. Array calibration for radar low-angle tracking based on electromagnetic matched field processing. IEEE AP-S，2008：1406-1409.

[9] Hu X Q，Chen J W，Wang Y L. Use of a multipath model in the meter-wave radar height-finding applications. IEEE Aerospace Conference，2008：1-7.

第六章 子孔径法

6.1 引 言

对于单目标镜面多径情况，阵列自由度远大于信号维数，因此可以考虑降维处理，本章将重点研究子阵级降维处理方法。

美国海军研究实验室研究了低角跟踪中三子孔径[1]方法。将阵列分成三个孔径相等且互不覆盖的子阵，利用 ML 估计准则给出了简单的闭合形式解，似然函数的最大值恰好是双零点形成网络的输出 SNR。该方法相当于在直达信号和镜面反射信号方向处形成两个零点。该方法实现简单，仅需要三路接收机，且估计性能与全阵 ML 估计相当。三子孔径方法不仅可以估计出目标的仰角，而且还可以估计出反射面复反射系数 ρ，ρ 的幅度估计比较精确，但相位估计精度较差，尤其是对于低仰角情况。文献[2]对该方法进行改进，利用“直达信号幅度比反射信号幅度强”这一事实提出了改进的三子孔径方法，特别克服了直达信号与多径信号相位差为 0°时性能恶化的现象，和原来方法相比误差可以降低 3 倍或更多。

本章提出了一种子阵级降维处理新算法。首先采用均匀子阵划分形成三个子阵；然后在子阵级解析求出协方差矩阵的正交矢量，进而构造仰角谱，谱峰的位置即目标仰角的估计；估计出目标仰角后还可以估计出 ρ。仿真分析给出了仰角估计性能与 SNR、目标仰角以及 ρ 的关系，实测数据验证了该方法的有效性。

6.2 多径阵列信号模型

对于 N 元垂直均匀线阵，阵元间距为半波长，且假设均为各向同性阵元。阵列天线接收信号包括直达信号与多径信号，利用前述多径信号与直达信号的关系，阵列接收信号可表示为

$$\boldsymbol{x}(k)=[\boldsymbol{s}(\theta)+\rho\boldsymbol{s}(-\theta)]A_{\mathrm{d}}(k)+\boldsymbol{n}(t) \tag{6.1}$$

也可以用矩阵表示为

$$\boldsymbol{x}(k)=[\boldsymbol{s}(\theta)\quad \boldsymbol{s}(-\theta)]\cdot\begin{bmatrix}1\\ \rho\end{bmatrix}\cdot A_{\mathrm{d}}(k)+\boldsymbol{n}(k)=\boldsymbol{A}(\theta)\boldsymbol{w}A_{\mathrm{d}}(k)+\boldsymbol{n}(k) \tag{6.2}$$

其中，$\boldsymbol{A}(\theta)=[\boldsymbol{s}(\theta)\quad \boldsymbol{s}(-\theta)]$ 为多径条件下阵列流型矩阵；$\boldsymbol{w}=[1,\rho]^{\mathrm{T}}$ 为相干矢

量；$\boldsymbol{n}(k)$为阵列接收机热噪声矢量，假设各阵元信道内部噪声为零均值平稳随机过程，噪声过程的二阶矩为 $\boldsymbol{R}_{\mathrm{n}}=\sigma^2\boldsymbol{I}_N$；$\boldsymbol{s}(\theta)$为阵列信号导向矢量，可具体表示为 $\boldsymbol{s}(\theta)=[1,\mathrm{e}^{\mathrm{j}\phi},\mathrm{e}^{\mathrm{j}2\phi},\cdots,\mathrm{e}^{\mathrm{j}(N-1)\phi}]^{\mathrm{T}}$，$\phi=\pi\sin\theta$ 为相邻阵元相位差，并且 $\|\boldsymbol{s}(\theta)\|=N$。

在该模型中，θ 和 ρ 均是未知的，而 θ 是待求的量。

6.3 子阵划分

子阵级处理的本质是降维变换[3~6]，目的是降低信号处理的运算量与复杂度。子阵级阵列信号处理的思路是：将整个阵列划分为若干子阵，在子阵级进行处理从而实现降维。子阵划分可以分为均匀子阵划分和非均匀子阵划分，简单起见，通常采用均匀子阵划分。子阵划分还可以分为非重叠子阵划分和重叠子阵划分。重叠子阵划分由于子阵复用的单元不容易进行波束指向控制，不便于工程硬件实现，因此工程上倾向于采用非重叠子阵划分方式，然而当阵元级实现数字化后，重叠子阵是容易实现的。本章重点分析均匀、非重叠子阵划分方式以及子阵级信号处理问题，其他情况可以类似地分析推导。

对于镜面反射情况，由于仅考虑直达与多径两个源的问题，只要子阵级自由度大于 2 即可，因此在本章中考虑均匀非重叠三子阵划分方法。三个子阵方向图平行，均指向阵列的法向，并且不采用幅度加权。不妨假设阵元数 $N=3N_1$，N_1 为子阵阵元数，则均匀划分的降维矩阵为

$$\boldsymbol{T}=\begin{bmatrix}\boldsymbol{1}_{N_1,1} & \boldsymbol{0}_{N_1,1} & \boldsymbol{0}_{N_1,1}\\ \boldsymbol{0}_{N_1,1} & \boldsymbol{1}_{N_1,1} & \boldsymbol{0}_{N_1,1}\\ \boldsymbol{0}_{N_1,1} & \boldsymbol{0}_{N_1,1} & \boldsymbol{1}_{N_1,1}\end{bmatrix} \tag{6.3}$$

其中，$\boldsymbol{1}_{N_1,1}=[1,1,\cdots,1]^{\mathrm{T}}$；$\boldsymbol{0}_{N_1,1}=[0,0,\cdots,0]^{\mathrm{T}}$。经过子阵划分后，原 N 元阵列天线等效为一个“稀疏”的三元阵列天线，每个“阵元”有“窄”的天线方向图。

经过子阵划分后，N 维的矩阵问题降维为三维的矩阵问题，对于三维的矩阵问题，不需要复杂的矩阵特征分解，正交矢量可以解析求出。

6.4 算法原理

6.4.1 子阵级协方差矩阵

经过子阵划分与波束形成后，新的阵列数据模型为

$$\boldsymbol{y}(k)=\boldsymbol{T}^{\mathrm{H}}\boldsymbol{x}(k)=\boldsymbol{T}^{\mathrm{H}}\boldsymbol{A}\boldsymbol{w}A_{\mathrm{d}}(k)+\boldsymbol{T}^{\mathrm{H}}\boldsymbol{n}(k)=\boldsymbol{B}\boldsymbol{w}A_{\mathrm{d}}(k)+\boldsymbol{T}^{\mathrm{H}}\boldsymbol{n}(k) \tag{6.4}$$

其中，$\boldsymbol{B}=\boldsymbol{T}^{\mathrm{H}}\boldsymbol{A}=[\boldsymbol{T}^{\mathrm{H}}\boldsymbol{s}(\theta)\quad \boldsymbol{T}^{\mathrm{H}}\boldsymbol{s}(-\theta)]$为三元稀疏阵列导向矢量矩阵。矩阵 $\boldsymbol{B}$ 的

求解参见附录 6A。列向量 $\boldsymbol{B}(:,1)$ 表示三个子阵对直达信号的复接收增益，列向量 $B(:,2)$ 表示三个子阵对多径反射信号的复接收增益。

经变换后，阵列热噪声方差变为 $\boldsymbol{T}^{\mathrm{H}}\sigma^2\boldsymbol{I}_N\boldsymbol{T}=N_1\sigma^2\boldsymbol{I}_3$，$\sigma^2$ 为阵元热噪声方差，说明均匀非重叠子阵划分后，阵列噪声仍然为白噪声。子阵级阵列协方差矩阵为

$$\boldsymbol{R}_{\mathrm{y}}=P_{\mathrm{S}}\cdot\boldsymbol{Bww}^{\mathrm{H}}\boldsymbol{B}^{\mathrm{H}}+N_1\sigma^2\boldsymbol{I}_3 \tag{6.5}$$

其中，$P_{\mathrm{S}}=E[|A_{\mathrm{d}}(k)|^2]$ 表示直达信号的功率。

6.4.2　正交矢量

子阵级阵列协方差矩阵 $\boldsymbol{R}_{\mathrm{y}}$ 为三维 Hermitain 矩阵，其正交矢量可以解析求解，而不用复杂的矩阵特征分解。正交矢量满足方程 $\boldsymbol{B}^{\mathrm{H}}\boldsymbol{v}=\boldsymbol{0}$，直接给出正交矢量为

$$\boldsymbol{v}=\begin{bmatrix}1\\-2\cos(N_1\phi)\\1\end{bmatrix} \tag{6.6}$$

正交矢量求解参见附录 6B。可以看出，正交矢量是相邻阵元间相位差 ϕ 的函数，也即仰角 θ 的函数。子阵级正交矢量既与子阵级直达信号矢量 $\boldsymbol{B}(:,1)$ 正交，又与多径信号矢量 $\boldsymbol{B}(:,2)$ 正交，所以与它们张成的平面正交，进一步与直达和多径合成矢量 $\boldsymbol{B}\cdot\boldsymbol{w}$ 正交。

6.4.3　子阵级仰角谱

在子阵级，阵列的协方差矩阵可以由阵列快拍数据得到，即 $\hat{\boldsymbol{R}}_{\mathrm{y}}=\dfrac{1}{K}\sum\limits_{k=1}^{K}\boldsymbol{y}_k\boldsymbol{y}_k^{\mathrm{H}}$，其中 K 为快拍数。根据正交矢量与协方差矩阵的关系可得仰角的估计为

$$\hat{\theta}=\arg\min_{\theta}\frac{\boldsymbol{v}^{\mathrm{H}}(\theta)\hat{\boldsymbol{R}}_{\mathrm{y}}\boldsymbol{v}(\theta)}{\boldsymbol{v}^{\mathrm{H}}(\theta)\boldsymbol{v}(\theta)} \tag{6.7}$$

代价函数最小化等价于在子阵级形成“零点”，抑制与目标有关的直达分量与多径反射分量，使输出仅为噪声分量。子阵级仰角谱函数可以定义为

$$P(\theta)=\frac{\boldsymbol{v}^{\mathrm{H}}(\theta)\boldsymbol{v}(\theta)}{\boldsymbol{v}^{\mathrm{H}}(\theta)\hat{\boldsymbol{R}}_{\mathrm{y}}\boldsymbol{v}(\theta)} \tag{6.8}$$

谱峰位置即为目标仰角的估计。该仰角谱函数与 ρ 无关，因此避免了 ρ 的估计与搜索。

6.4.4　$\boldsymbol{\rho}$ 估计

当 $\hat{\theta}=\theta_{\mathrm{d}}$ 时，$\boldsymbol{B}^{\mathrm{H}}\boldsymbol{v}(\theta_{\mathrm{d}})=\boldsymbol{0}$，此时

$$\frac{\boldsymbol{v}^{\mathrm{H}}(\theta_{\mathrm{d}})\boldsymbol{R}_{\mathrm{y}}\boldsymbol{v}(\theta_{\mathrm{d}})}{\boldsymbol{v}^{\mathrm{H}}(\theta_{\mathrm{d}})\boldsymbol{v}(\theta_{\mathrm{d}})}=\frac{N_1\sigma^2\boldsymbol{v}^{\mathrm{H}}(\theta_{\mathrm{d}})\boldsymbol{v}(\theta_{\mathrm{d}})}{\boldsymbol{v}^{\mathrm{H}}(\theta_{\mathrm{d}})\boldsymbol{v}(\theta_{\mathrm{d}})}=N_1\sigma^2=\min \tag{6.9}$$

也就是说，当 $\hat{\theta}=\theta_{\mathrm{d}}$ 时，恰好将由目标引起的直达分量和镜面反射分量全部抑制掉，仅仅剩下阵列热噪声。因此可以得到阵元噪声方差的估计

$$\hat{\sigma}^2=\frac{\boldsymbol{v}^{\mathrm{H}}(\hat{\theta})\hat{\boldsymbol{R}}_{\mathrm{y}}\boldsymbol{v}(\hat{\theta})}{N_1\cdot\boldsymbol{v}^{\mathrm{H}}(\hat{\theta})\boldsymbol{v}(\hat{\theta})} \tag{6.10}$$

估计出来仰角和噪声方差后，进一步可以估计复反射系数。令 $\hat{B}\overset{\mathrm{def}}{=}\boldsymbol{B}(\hat{\theta})$，根据式(6.5)可得

$$\hat{\boldsymbol{B}}\boldsymbol{w}\boldsymbol{w}^{\mathrm{H}}\hat{\boldsymbol{B}}^{\mathrm{H}}\cdot P_{\mathrm{S}}=\hat{\boldsymbol{R}}_{\mathrm{y}}-N_1\hat{\sigma}^2\boldsymbol{I}_3 \tag{6.11}$$

两边左右同时乘以 $\hat{\boldsymbol{B}}$ 的伪逆 $(\hat{\boldsymbol{B}}^{\mathrm{H}}\hat{\boldsymbol{B}})^{-1}\hat{\boldsymbol{B}}^{\mathrm{H}}$ 得到

$$\boldsymbol{w}\boldsymbol{w}^{\mathrm{H}}\cdot P_{\mathrm{S}}=(\hat{\boldsymbol{B}}^{\mathrm{H}}\hat{\boldsymbol{B}})^{-1}\hat{\boldsymbol{B}}^{\mathrm{H}}(\hat{\boldsymbol{R}}_{\mathrm{y}}-N_1\hat{\sigma}^2\boldsymbol{I}_3)\hat{\boldsymbol{B}}\,(\hat{\boldsymbol{B}}^{\mathrm{H}}\hat{\boldsymbol{B}})^{-1}\overset{\mathrm{def}}{=}\boldsymbol{W} \tag{6.12}$$

所以，ρ 的估计为

$$\hat{\rho}=\frac{\boldsymbol{W}(2,1)}{\boldsymbol{W}(1,1)} \tag{6.13}$$

同时，还可以得到直达信号的功率估计为 $\hat{P}_{\mathrm{S}}=\boldsymbol{W}(1,1)$。至此，问题中的所有未知参量均估计出来了。

6.5　最优化实现

由式(6.6)可以看出，正交矢量的第一个值和第三个值是常数，若令 $w=2\cos(N_1\phi)$，则最优化的代价函数可以进一步表示为实函数

$$g(w)=\frac{1}{K}\cdot\frac{\sum_{k=1}^{K}|y_{1,k}+y_{3,k}-y_{2,k}w|^2}{2+w^2} \tag{6.14}$$

求解上述有理函数最优化问题得到最优解 w_{opt}，可以反求出 ϕ 为

$$\phi=\frac{1}{N_1}\arccos\left(\frac{w_{\mathrm{opt}}}{2}\right) \tag{6.15}$$

求得了 ϕ，进一步就可以求得仰角 $\theta=\arcsin\left(\frac{\phi}{\pi}\right)$。

图 6.1 给出了最优化实现框图。

实际上，该方法与 Haykin 的自适应天线阵方法[7~10]本质上是等价的。

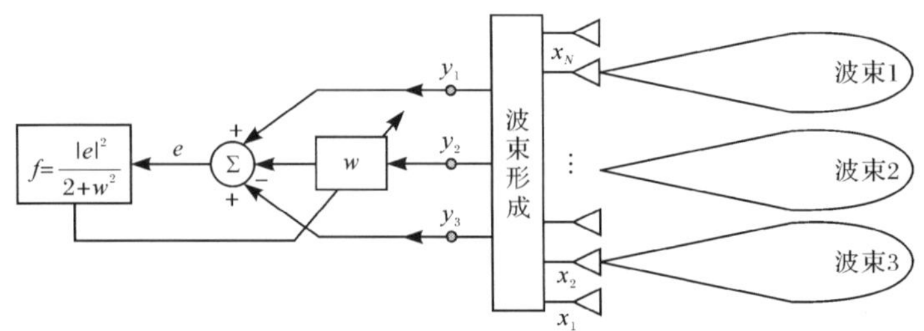

图 6.1　最优化实现框图

6.6　性能分析

考虑垂直均匀线阵，阵元间距为半波长，阵元数为 $N=16$，则波束宽度为 $\theta_{3dB}=0.886\frac{\lambda}{Nd}\approx6.35°$。SNR 定义为直达信号功率与阵元噪声方差的比，即 $\mathrm{SNR}=\frac{|A_d|^2}{\sigma^2}$。$\mathrm{RMSE}=\sqrt{E[(\hat{\theta}-\theta_d)^2]}$。针对低角跟踪问题，为了得到一般性结论，目标仰角、RMSE 均对波束宽度进行归一化，目标相对仰角为 $\bar{\theta}_d=\theta_d/\theta_{3dB}$，相对均方根误差为 $\mathrm{NRMSE}=\mathrm{RMSE}/\theta_{3dB}$。

低仰角条件下仰角谱估计性能与 SNR、目标仰角以及 ρ 有关，下面分情况讨论。在研究某一因素对测角性能的影响时，固定其他参数为典型值。为分析统计性能进行 Monte Carlo 仿真，仿真次数为 1000。

6.6.1　与 SNR 的关系

在该实验中，设定目标相对仰角 $\bar{\theta}_d=\frac{1}{3}$，$\rho=0.8e^{j\frac{160°}{180°}\pi}$。图 6.2 给出了不同 SNR 条件下的子阵级仰角谱图，图 6.3 给出了 NRMSE 与 SNR 的关系曲线。图 6.2 和图 6.3 分别从定性和定量的角度描述了 SNR 对估计精度的影响。

从图 6.2 可以看出，随着 SNR 的提高，仰角谱的谱峰越来越“尖锐”，预示着测量精度的提高。从图 6.3 可以看出，NRMSE 随着 SNR 的增加而减小，同时也可以根据测角精度对 SNR 提出要求。

6.6.2　与目标仰角的关系

在该实验中，设定 SNR=30dB，$\rho=0.8e^{j\frac{160°}{180°}\pi}$，图 6.4 给出了不同仰角下的子阵级仰角谱，图 6.5 给出了 NRMSE 与 $\bar{\theta}_d$ 的关系曲线。图 6.4 和图 6.5 分别从定性和定量的角度描述了目标仰角对估计精度的影响。

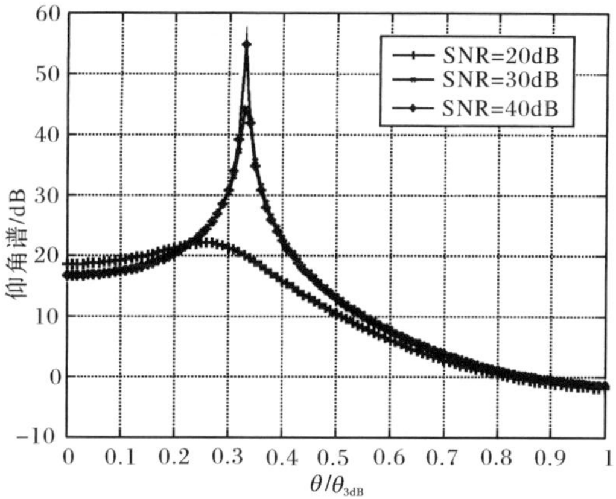

图 6.2　不同 SNR 条件下的仰角谱

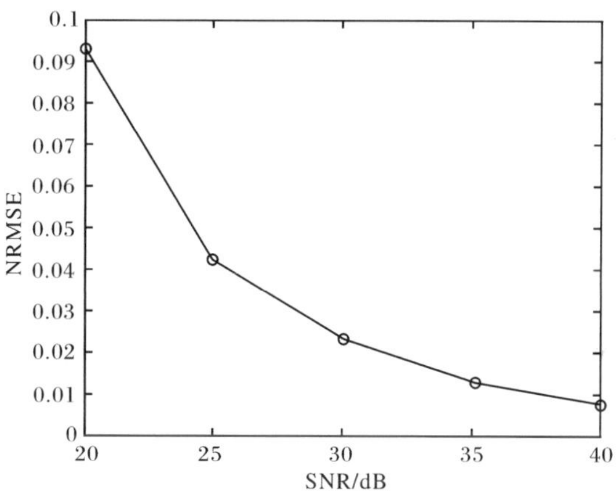

图 6.3　NRMSE 与 SNR 的关系曲线

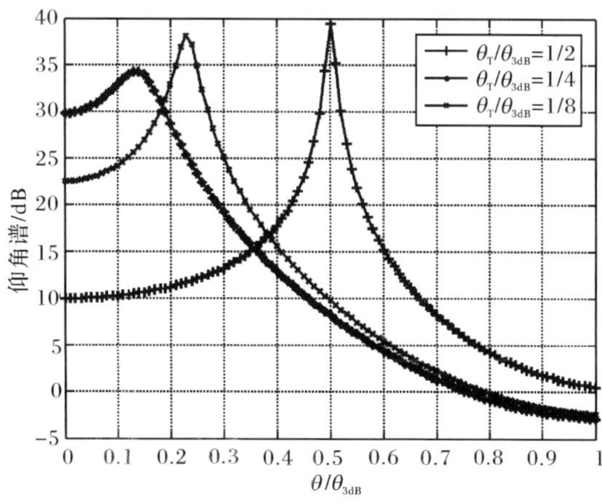

图 6.4　不同仰角条件下的仰角谱

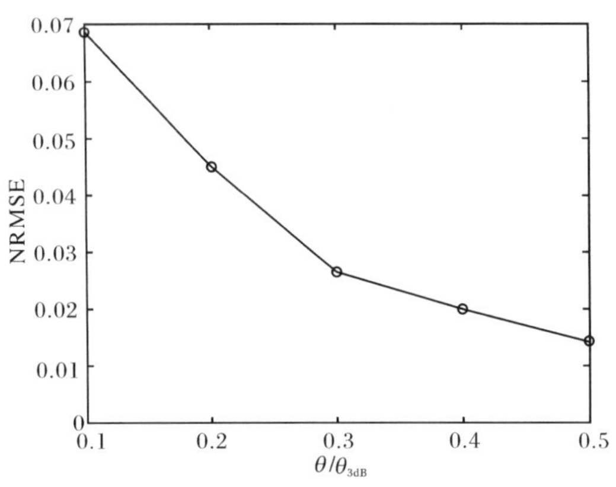

图 6.5　NRMSE 与 $\bar{\theta}_{\rm d}$ 的关系曲线

从图 6.4 可以看出，随着目标仰角的减小，仰角谱的谱峰越来越"胖"，预示着测量精度的下降，并且当目标仰角继续减小时，谱峰有"消失"的趋势，当谱峰"消失"时，则该算法失效，因此存在一个门限，当目标仰角低于该门限时，低角跟踪算法失效。从图 6.5 可以看出，NRMSE 随着目标仰角的减小而增大。

6.6.3　与 ρ 的关系

在该实验中，设定 $\bar{\theta}_{\rm d}=\frac{1}{3}$，SNR＝30dB，图 6.6 给出了 ρ 幅度对仰角谱的影响，其中相位固定为 160°；图 6.7 给出了 ρ 相位对仰角谱的影响，其中幅度固定为 0.8。图 6.8 给出了 $\rho=-1$ 时的仰角谱。图 6.9 给出了 NRMSE 与 ρ 的关系曲面。图6.6～图 6.9分别从定性和定量的角度描述了 ρ 对估计精度的影响。

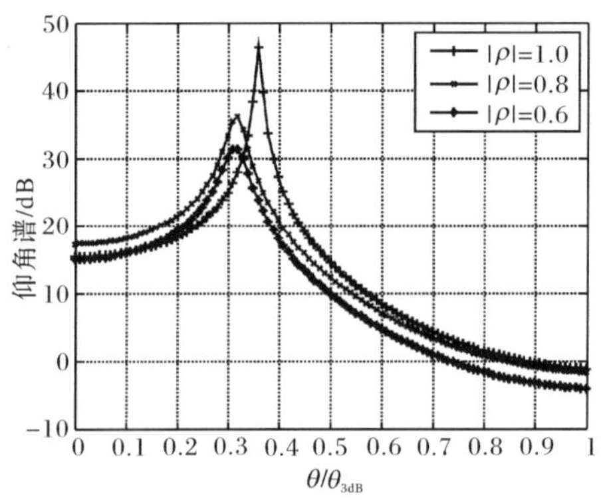

图 6.6　不同 ρ 幅度条件下的仰角谱

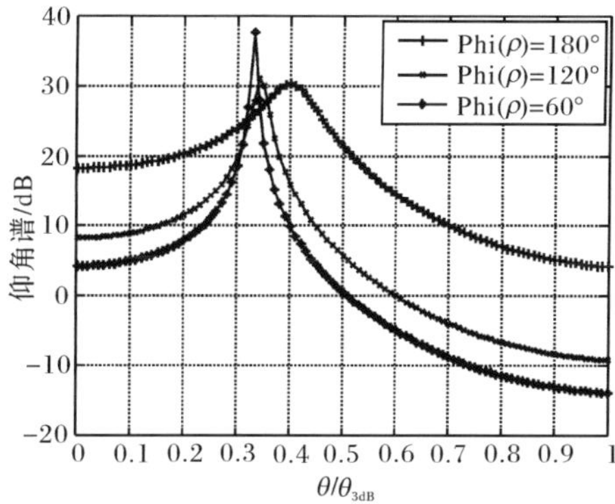

图 6.7 不同 ρ 相位条件下的仰角谱

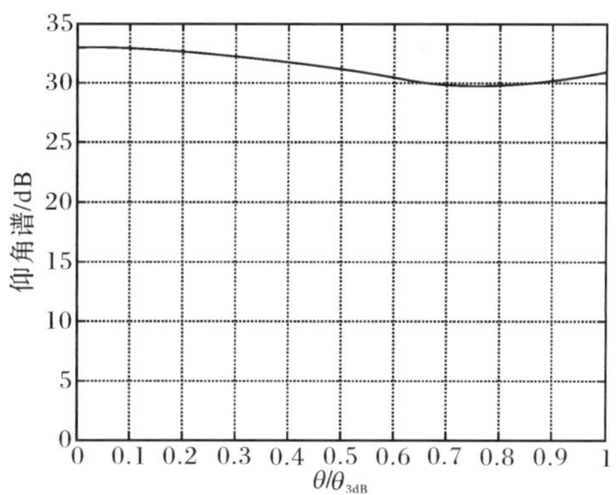

图 6.8 理想镜面反射条件下仰角谱

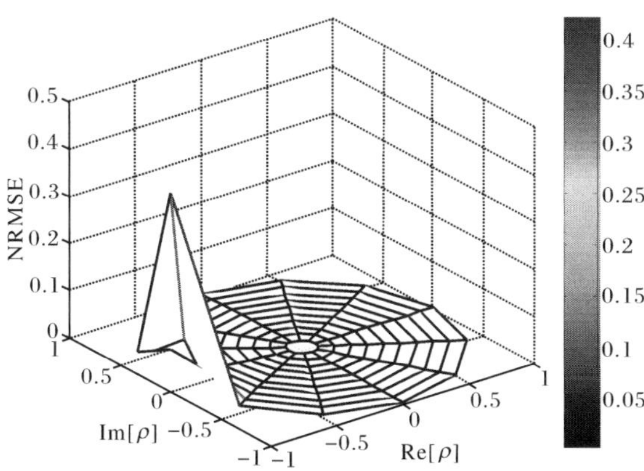

图 6.9 NRMSE 与 ρ 的关系曲面

从图 6.6 可以看出，当 ρ 相位固定时，ρ 幅度越大，仰角谱谱峰越尖锐；从图 6.7可以看出，ρ 幅度固定时，ρ 相位越小，仰角谱谱峰越尖锐；从两图对比来看，ρ 相位对仰角谱估计的影响更大。从图 6.8 可以看出，对于理想镜面反射，即 $\rho=-1$ 时，仰角谱谱峰消失，无法估计出目标仰角，该方法失效。从图 6.9 可以看出，测量精度在 ρ 平面内关于实轴对称，也就是说 ρ 相位符号对测角无影响。并且仰角估计精度随着 $|1+\rho|$ 减小而变大，也就是说越接近“理想镜面反射”精度越差，这一点已在第三章得到证明，由于 ρ 的影响，测角精度相差可达 8 倍以上。

6.7　实测数据处理

应用该方法对某米波雷达实际测量数据进行处理分析，雷达对民航目标进行观测，经过脉压处理、快拍提取、通道误差补偿等预处理后，利用该方法得到目标的仰角谱。图 6.10 展示了利用数据得到的仰角谱，根据谱峰的位置可以估计出目标的仰角。

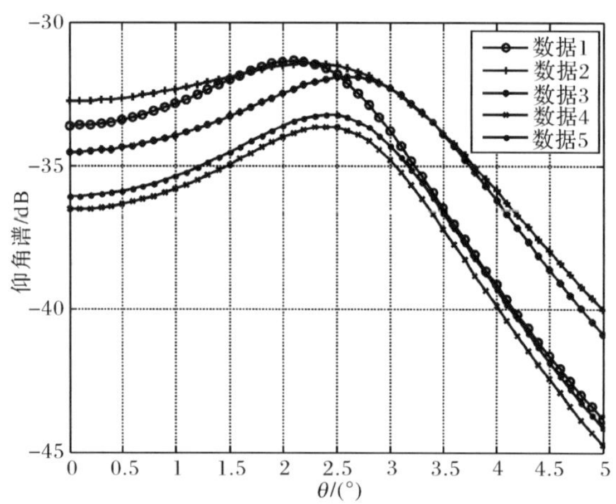

图 6.10　某实测数据仰角谱

对应于五批数据，目标仰角真值和估计值如表 6.1 所示。

表 6.1　目标仰角真值与估计值

序号	1	2	3	4	5
真值	2.42°	2.46°	2.51°	2.56°	2.62°
估计值	2.11°	2.25°	2.60°	2.40°	2.42°

可以看出，在低仰角条件下，仰角估计的平均误差为−0.158°。该阵列天线的波束宽度为 12.75°，因此仰角测量误差相当于波束宽度的 1.24%，相当于 1/80 波

束宽度。对应于五批数据，估计出的地面 ρ 如表 6.2 所示。可见，在低仰角条件下，利用该算法可以估计出地面 ρ，经过平均得到的米波波段陆地 ρ 幅度为 0.8217，相位为 16.9555°。该算法也提供了一种地面 ρ 的测量方法。

表 6.2　米波波段 ρ 幅度与相位

序号	1	2	3	4	5
幅度	0.9177	0.7412	0.7399	0.8076	0.9023
相位	17.3621°	19.0490°	15.0592°	21.6979°	11.6093°

6.8　小　　结

本章提出的子阵级低角跟踪算法具有以下四个优点：第一，该算法信号处理流程不依赖于未知 ρ；第二，阵列信号处理维数低，不用复杂的矩阵特征分解运算；第三，估计出目标仰角后，还可以估计出 ρ；第四，该算法还可以通过自适应手段来实现。以上优点预示着该算法具有广泛的应用前景，即可以应用在米波陆地环境与 X 波段海环境下目标仰角的测量。但是该方法的性能与目标仰角、ρ 有强烈的依赖关系，尤其是在理想镜面反射条件下完全失效，这是由多径问题本身所决定的，需要通过频率分集、极化分集等手段来解决。

附录 6A　矩阵 $\boldsymbol{B}$ 的求解

已知 $\boldsymbol{B}=\boldsymbol{T}^{\mathrm{H}}\boldsymbol{A}=[\boldsymbol{T}^{\mathrm{H}}\boldsymbol{s}(\theta),\boldsymbol{T}^{\mathrm{H}}\boldsymbol{s}(-\theta)]$，$\boldsymbol{s}(\theta)=[1,\mathrm{e}^{\mathrm{j}\phi},\cdots,\mathrm{e}^{\mathrm{j}(N-1)\phi}]^{\mathrm{T}}$，则

$$\boldsymbol{B}(1,1)=\sum_{n=0}^{N_1-1}\mathrm{e}^{\mathrm{j}n\phi}=\frac{\mathrm{e}^{\mathrm{j}N_1\phi}-1}{\mathrm{e}^{\mathrm{j}\phi}-1}=\mathrm{e}^{\mathrm{j}\frac{N_1-1}{2}\phi}\frac{\sin\left(\dfrac{N_1\phi}{2}\right)}{\sin\dfrac{\phi}{2}}\overset{\mathrm{def}}{=}G(\theta)\tag{6A.1}$$

$$\boldsymbol{B}(2,1)=\sum_{n=N_1}^{2N_1-1}\mathrm{e}^{\mathrm{j}n\phi}=\mathrm{e}^{\mathrm{j}N_1\phi}\sum_{n=0}^{N_1-1}\mathrm{e}^{\mathrm{j}n\phi}=\mathrm{e}^{\mathrm{j}N_1\phi}G(\theta)\tag{6A.2}$$

$$\boldsymbol{B}(3,1)=\sum_{n=2N_1}^{3N_1-1}\mathrm{e}^{\mathrm{j}n\phi}=\mathrm{e}^{\mathrm{j}2N_1\phi}\sum_{n=0}^{N_1-1}\mathrm{e}^{\mathrm{j}n\phi}=\mathrm{e}^{\mathrm{j}2N_1\phi}G(\theta)\tag{6A.3}$$

由于

$$\boldsymbol{B}(:,2)=\boldsymbol{T}^{\mathrm{H}}\boldsymbol{s}(-\theta)=\boldsymbol{T}^{\mathrm{H}}\boldsymbol{s}^*(\theta)=[\boldsymbol{T}^{\mathrm{H}}\boldsymbol{s}(\theta)]^*=\boldsymbol{B}(:,1)^*\tag{6A.4}$$

至此，矩阵 $\boldsymbol{B}$ 中的各个元素都求出来了。

$$\boldsymbol{B}=\begin{bmatrix} G & G^{*} \\ e^{jN_1\phi}G & e^{-jN_1\phi}G^{*} \\ e^{j2N_1\phi}G & e^{j-2N_1\phi}G^{*} \end{bmatrix} \tag{6A.5}$$

附录 6B 正交矢量求解

正交矢量满足方程 $\boldsymbol{B}^{\mathrm{H}}\boldsymbol{v}=\boldsymbol{0}$，求解该线性方程可得

$$\boldsymbol{v}=|G|^2\begin{bmatrix} e^{jN_1\phi}-e^{-jN_1\phi} \\ -(e^{j2N_1\phi}-e^{-j2N_1\phi}) \\ e^{jN_1\phi}-e^{-jN_1\phi} \end{bmatrix}=2j\sin(N_1\phi)|G|^2\begin{bmatrix} 1 \\ -2\cos(N_1\phi) \\ 1 \end{bmatrix} \tag{6B.1}$$

向量除以常数 $2j\sin(N_1\phi)|G|^2$ 得到

$$\boldsymbol{v}=\begin{bmatrix} 1 \\ -2\cos(N_1\phi) \\ 1 \end{bmatrix} \tag{6B.2}$$

可以看出，正交矢量元素 $\boldsymbol{v}(1)$和 $\boldsymbol{v}(3)$均为常数，$\boldsymbol{v}(2)$与 ϕ，也即与 θ 有关。因此，求出了 $\boldsymbol{v}(2)$即求出 θ。

参考文献

[1] Cantrell B H, Gordon W B, Trunk G V. Maximum likelihood elevation angle estimates of radar targets using subapertures. IEEE Transactions on AES, 1981, 17(3): 213-221.

[2] Gordon W B. Improved three subaperture method for elevation angle estimation. IEEE Transactions on AES, 1983, 19(1): 114-122.

[3] Richard K. 空时自适应处理原理. 南京电子技术研究所，译. 北京：高等教育出版社，2009.

[4] 王永良，丁前军，李荣锋. 自适应阵列处理. 北京：清华大学出版社，2009.

[5] 王永良，陈辉，彭应宁，等. 空间谱估计理论与算法. 北京：清华大学出版社，2004.

[6] 张光义. 相控阵雷达原理. 北京：国防工业出版社，2009.

[7] Kesler J, Haykin S. A new adaptive antenna for elevation angle estimation in the presence of multipath. IEEE AP-S. Digest, 1980: 130-133.

[8] Edward C, Du F. An adaptive low-angle tracking system. IEEE Transactions on AP, 1981, 29(5): 766-772.

[9] Haykin S, Sc B, Sc D, et al. Adaptive canceller for elevation angle estimation in the presence of multipath. IEE Proceedings of Pt F, 1983, 130(4): 303-308.

[10] Haykin S. Least squares adaptive antenna for angle of arrival estimation. IEEE Proceedings, 1984, 72(4): 528-530.

第七章 波束域法

7.1 引　言

对于单目标镜面多径情况，阵列自由度远大于信号维数，因此可以考虑降维处理，前面研究了子阵级降维方法，本章将重点研究波束域降维处理方法。

美国普渡大学电机工程学院研究了低角跟踪中的波束域方法[1~3]，为了解决低 SNR 和低仰角的问题，文献[1]提出了阵元空间向波束空间变换的概念，基于 Haykin 的方法，形成三个相邻且正交的子波束，三个波束有共同的零点，然后利用波束空间 ML 估计信号到达角。利用秩 1 投影算子推导了精确的表达式，得到了 ML 估计的闭合解。波束域处理大大降低了计算量，但是对于信号相位差为 180°的情况，单频条件下的性能恶化严重。文献[2]和[3]利用频率分集进一步改善系统的性能，利用多频的出发点是：阵列相位孔径中心处直达与多径信号相位差随频率变化而变化，欠秩问题和信号对消问题不可能同时出现在所有频率上。频率分集条件下信号处理步骤是：将多频点上的信号聚焦到参考频点，聚焦后得到单频点数据协方差，再应用窄带信号处理方法进行角度估计，从而实现了对相干源的估计。此外，还将未知的复反射系数 ρ 作为信号模型参数的一部分，用其 ML 估计代替其真值，消除了其对仰角估计的影响。频率分集必须满足一定的条件，需要特别指出的是，该约束条件在窄带条件下无法满足。

文献[4]研究了波束空间 ML 仰角估计算法，均匀线阵分成若干互不覆盖并且相等的子阵，然后在子阵级利用波束空间 ML 算法来估计信号到达角。主要优点是：由于直达和多径信号到达角随时间缓慢变化，以前的阵列数据块可以和当前数据块一起对当前到达角进行估计，这样就不需要迭代，计算量降低了。本算法同样受到直达与反射信号相位差的影响，可以采用多频体制来克服。文献[5]利用信号的空时特征提出了空时域波束空间 ML 估计算法，本质上是对波束域 ML 算法的拓广，通过波束空间变换降低了信号处理的维度，在少快拍和低 SNR 条件下表现出稳健特性。文献[6]针对地基对空警戒雷达应用，提出了稳健的波束域变换方法来测量低仰角目标，与传统的方法相比，该方法将所有的漫反射信号当做干扰信号通过波束域变化的方法进行对消，实验数据验证了方法的有效性。

本章提出一种波束域降维处理新算法。首先利用 FFT 形成上、中、下三个正交波束；然后在波束域解析求出协方差矩阵的正交矢量，进而构造仰角谱，谱峰的位置即目标仰角的估计；估计出目标仰角后还可以估计出 ρ。仿真分析给出了仰角估计性能与 SNR、目标仰角以及 ρ 的关系，实测数据验证了该方法的有效性。

7.2 多径阵列信号模型

对于 N 元垂直均匀线阵，阵元间距为半波长，且假设均为各向同性阵元。阵列天线接收信号包括直达信号与多径信号，利用前述多径信号与直达信号的关系，阵列接收信号可表示为

$$\boldsymbol{x}(k)=[\boldsymbol{s}(\theta)+\rho\boldsymbol{s}(-\theta)]A_{\mathrm{d}}(k)+\boldsymbol{n}(t) \tag{7.1}$$

也可以用矩阵表示为

$$\boldsymbol{x}(k)=[\boldsymbol{s}(\theta)\quad \boldsymbol{s}(-\theta)]\cdot\begin{bmatrix}1\\ \rho\end{bmatrix}\cdot A_{\mathrm{d}}(k)+\boldsymbol{n}(k)=\boldsymbol{A}(\theta)\boldsymbol{w}A_{\mathrm{d}}(k)+\boldsymbol{n}(k) \tag{7.2}$$

其中，$\boldsymbol{A}(\theta)=[\boldsymbol{s}(\theta)\quad \boldsymbol{s}(-\theta)]$为多径条件下阵列流型矩阵；$\boldsymbol{w}=[1,\rho]^{\mathrm{T}}$ 为相干矢量；$\boldsymbol{n}(k)$为阵列接收机热噪声矢量，假设各阵元信道内部噪声为零均值平稳随机过程，噪声过程的二阶矩为 $\boldsymbol{R}_{\mathrm{n}}=\sigma^2\boldsymbol{I}_N$；$\boldsymbol{s}(\theta)$为阵列信号导向矢量，可具体表示为 $\boldsymbol{s}(\theta)=[1,\mathrm{e}^{\mathrm{j}\phi},\mathrm{e}^{\mathrm{j}2\phi},\cdots,\mathrm{e}^{\mathrm{j}(N-1)\phi}]^{\mathrm{T}}$，$\phi=\pi\sin\theta$ 为相邻阵元相位差，并且 $\|\boldsymbol{s}(\theta)\|=N$。

在该模型中，仰角 θ 和 ρ 均是未知的，而 θ 是待求的量。

7.3 正交波束形成

波束域处理的本质是降维变换[7~10]，目的是降低信号处理运算量与复杂度。波束域阵列信号处理的思路是基于全阵形成多个波束，再对各个波束的接收信号进行处理。通常选取正交波束形成，其特点和优势在于多波束在副瓣区共零点，并且可以在阵元域用 FFT 来实现，正交波束形成之后阵列噪声依然是白噪声。

对于镜面反射情况，由于仅考虑直达与多径两个源的问题，只要波束域的自由度大于二即可，因此在本章中选取三个正交波束，这样 N 维的矩阵问题降维为三维的矩阵问题，对于三维的矩阵问题，不需要复杂的矩阵特征分解，正交矢量可以解析求出。

形成三个正交波束，波束 1、2 和 3 分别指向 θ_0、0 和 $-\theta_0$。对于波束 1，采用正交波束形成时相邻阵元间相位差为 $\phi_0=\pi\sin\theta_0=\dfrac{2\pi}{N}$，因此波束指向为 $\theta_0=a\sin\left(\dfrac{2}{N}\right)$，图 7.1 给出了 16 元阵列形成的三个波束，三个波束分别指向 7.18°、0° 和 −7.18°。

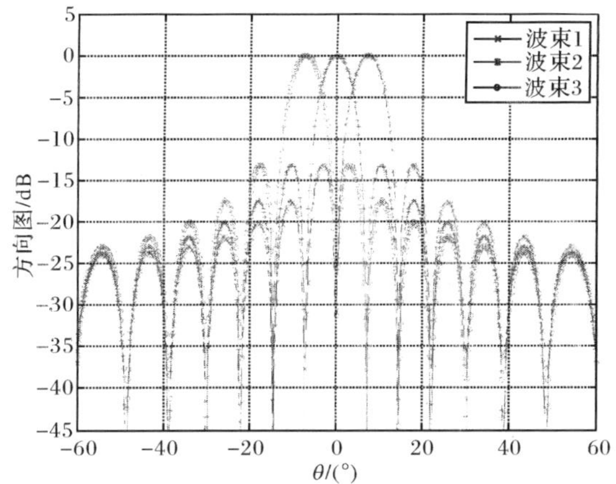

图 7.1　16 单元均匀线阵三正交波束图

7.4 算法原理

7.4.1 波束域协方差矩阵

降维变换矩阵为 $\boldsymbol{T}=[\boldsymbol{s}(\theta_0)\quad \boldsymbol{s}(0)\quad \boldsymbol{s}(-\theta_0)]$，因此在波束域阵列数据模型为

$$\boldsymbol{y}(k)=\boldsymbol{T}^{\mathrm{H}}\boldsymbol{x}(k)=\boldsymbol{T}^{\mathrm{H}}\boldsymbol{A}\boldsymbol{w}A_{\mathrm{d}}(k)+\boldsymbol{T}^{\mathrm{H}}\boldsymbol{n}(k)=\boldsymbol{B}\boldsymbol{w}A_{\mathrm{d}}(k)+\boldsymbol{T}^{\mathrm{H}}\boldsymbol{n}(k) \tag{7.3}$$

其中，$\boldsymbol{B}=\boldsymbol{T}^{\mathrm{H}}\boldsymbol{A}=\begin{bmatrix}\boldsymbol{s}^{\mathrm{H}}(\theta_0)\boldsymbol{s}(\theta) & \boldsymbol{s}^{\mathrm{H}}(\theta_0)\boldsymbol{s}(-\theta)\\ \boldsymbol{s}^{\mathrm{H}}(0)\boldsymbol{s}(\theta) & \boldsymbol{s}^{\mathrm{H}}(0)\boldsymbol{s}(-\theta)\\ \boldsymbol{s}^{\mathrm{H}}(-\theta_0)\boldsymbol{s}(\theta) & \boldsymbol{s}^{\mathrm{H}}(-\theta_0)\boldsymbol{s}(-\theta)\end{bmatrix}$ 为波束域阵列导向矢量矩阵。矩阵 $\boldsymbol{B}$ 的求解参见附录 7A。列向量 $\boldsymbol{B}(:,1)$ 表示三个正交波束对直达信号的复接收增益，列向量 $\boldsymbol{B}(:,2)$ 表示三个正交波束对多径反射信号的复接收增益。

经变换后阵列热噪声方差变为 $\boldsymbol{T}^{\mathrm{H}}\sigma^2\boldsymbol{I}_N\boldsymbol{T}=N\sigma^2\boldsymbol{I}_3$，说明正交变换后阵列噪声仍然为白噪声，这是正交变换的本质所决定的。

经变换后阵列协方差矩阵变为

$$\boldsymbol{R}_{\mathrm{y}}=P_{\mathrm{S}}\cdot\boldsymbol{B}\boldsymbol{w}\boldsymbol{w}^{\mathrm{H}}\boldsymbol{B}^{\mathrm{H}}+N\sigma^2\boldsymbol{I}_3 \tag{7.4}$$

其中，$P_{\mathrm{S}}=E[|A_{\mathrm{d}}(k)|^2]$表示直达信号的功率。

7.4.2 正交矢量

波束域阵列协方差矩阵 $\boldsymbol{R}_{\mathrm{y}}$ 为三维 Hermitain 矩阵，其正交矢量可以解析求解，而不用复杂的矩阵特征分解。正交矢量满足方程 $\boldsymbol{B}^{\mathrm{H}}\boldsymbol{v}=\boldsymbol{0}$，求出正交矢量为

$$\boldsymbol{v}=\begin{bmatrix} e^{j\frac{\pi}{N}} \\ -\left(\dfrac{\sin\dfrac{\phi}{2}}{\sin\left(\dfrac{\phi}{2}+\dfrac{\pi}{N}\right)}+\dfrac{\sin\dfrac{\phi}{2}}{\sin\left(\dfrac{\phi}{2}-\dfrac{\pi}{N}\right)}\right) \\ e^{-j\frac{\pi}{N}} \end{bmatrix} \tag{7.5}$$

正交矢量求解参见附录 7B。可以看出:正交矢量是相位差 ϕ 的函数,也即 θ 的函数。波束域正交矢量既与波束域直达信号矢量 $\boldsymbol{B}(:,1)$ 正交,又与多径信号矢量 $\boldsymbol{B}(:,2)$ 正交,所以与它们张成的平面正交,进一步与直达和多径合成矢量 $\boldsymbol{B}\cdot\boldsymbol{w}$ 正交。

7.4.3 波束域仰角谱

在波束域中,阵列的协方差矩阵可以由阵列快拍数据得到,即 $\hat{\boldsymbol{R}}_y=\dfrac{1}{K}\sum\limits_{k=1}^{K}\boldsymbol{y}_k\boldsymbol{y}_k^{\mathrm{H}}$,其中 K 为快拍数。根据正交矢量与协方差矩阵的关系可得 θ 的估计为

$$\hat{\theta}=\arg\min_{\theta}\frac{\boldsymbol{v}^{\mathrm{H}}(\theta)\hat{\boldsymbol{R}}_y\boldsymbol{v}(\theta)}{\boldsymbol{v}^{\mathrm{H}}(\theta)\boldsymbol{v}(\theta)} \tag{7.6}$$

代价函数最小化等价于在波束域形成“零点”,抑制与目标有关的直达分量与多径分量,使输出仅为噪声分量。波束域仰角谱函数可以定义为

$$P(\theta)=\frac{\boldsymbol{v}^{\mathrm{H}}(\theta)\boldsymbol{v}(\theta)}{\boldsymbol{v}^{\mathrm{H}}(\theta)\hat{\boldsymbol{R}}_y\boldsymbol{v}(\theta)} \tag{7.7}$$

谱峰位置即为目标仰角的估计。该仰角谱函数与 ρ 无关,因此避免了 ρ 的估计与搜索。

7.4.4 $\boldsymbol{\rho}$ 估计

当 $\hat{\theta}=\theta_d$ 时,$\boldsymbol{B}^{\mathrm{H}}\boldsymbol{v}(\theta_d)=\boldsymbol{0}$,此时

$$\frac{\boldsymbol{v}^{\mathrm{H}}(\theta_d)\boldsymbol{R}_y\boldsymbol{v}(\theta_d)}{\boldsymbol{v}^{\mathrm{H}}(\theta_d)\boldsymbol{v}(\theta_d)}=\frac{N\sigma^2\boldsymbol{v}^{\mathrm{H}}(\theta_d)\boldsymbol{v}(\theta_d)}{\boldsymbol{v}^{\mathrm{H}}(\theta_d)\boldsymbol{v}(\theta_d)}=N\sigma^2=\min \tag{7.8}$$

也就是说,当 $\hat{\theta}=\theta_d$ 时,恰好将由目标引起的直达分量和镜面反射分量全部抑制掉,仅仅剩下阵列热噪声。因此可以得到阵元噪声方差的估计

$$\hat{\sigma}^2=\frac{\boldsymbol{v}^{\mathrm{H}}(\hat{\theta})\hat{\boldsymbol{R}}_y\boldsymbol{v}(\hat{\theta})}{N\cdot\boldsymbol{v}^{\mathrm{H}}(\hat{\theta})\boldsymbol{v}(\hat{\theta})} \tag{7.9}$$

估计出来仰角和噪声方差后,进一步可以估计 ρ。令 $\hat{\boldsymbol{B}}\overset{\mathrm{def}}{=}\boldsymbol{B}(\hat{\theta})$,根据式(7.4)

可得

$$\hat{\boldsymbol{B}}\boldsymbol{w}\boldsymbol{w}^{\mathrm{H}}\hat{\boldsymbol{B}}^{\mathrm{H}}\cdot P_{\mathrm{S}}=\hat{\boldsymbol{R}}_{\mathrm{y}}-N\hat{\sigma}^{2}\boldsymbol{I}_{3} \tag{7.10}$$

式(7.10)两边左右同时乘以 $\hat{\boldsymbol{B}}$ 的伪逆 $(\hat{\boldsymbol{B}}^{\mathrm{H}}\hat{\boldsymbol{B}})^{-1}\hat{\boldsymbol{B}}^{\mathrm{H}}$ 得到

$$\boldsymbol{w}\boldsymbol{w}^{\mathrm{H}}\cdot P_{\mathrm{S}}=(\hat{\boldsymbol{B}}^{\mathrm{H}}\hat{\boldsymbol{B}})^{-1}\hat{\boldsymbol{B}}^{\mathrm{H}}(\hat{\boldsymbol{R}}_{\mathrm{y}}-N\hat{\sigma}^{2}\boldsymbol{I}_{3})\hat{\boldsymbol{B}}(\hat{\boldsymbol{B}}^{\mathrm{H}}\hat{\boldsymbol{B}})^{-1}\overset{\mathrm{def}}{=}\boldsymbol{W} \tag{7.11}$$

所以，ρ 的估计为

$$\hat{\rho}=\frac{\boldsymbol{W}(2,1)}{\boldsymbol{W}(1,1)} \tag{7.12}$$

同时，还可以得到直达信号的功率估计为 $\hat{P}_{\mathrm{S}}=\boldsymbol{W}(1,1)$。至此，问题中的所有未知参量均估计出来了。

7.5　最优化实现

由式(7.5)可以看出，正交矢量的第一个值和第三个值是常数，若令

$$w=\frac{\sin\dfrac{\phi}{2}}{\sin\left(\dfrac{\phi}{2}+\dfrac{\pi}{N}\right)}+\frac{\sin\dfrac{\phi}{2}}{\sin\left(\dfrac{\phi}{2}-\dfrac{\pi}{N}\right)} \tag{7.13}$$

则最优化的代价函数可以进一步表示为实函数

$$g(w)=\frac{1}{K}\cdot\frac{\sum\limits_{k=1}^{K}\left|y_{1,k}\mathrm{e}^{-\mathrm{j}\frac{\pi}{N}}+y_{3,k}\mathrm{e}^{\mathrm{j}\frac{\pi}{N}}-y_{2,k}w\right|^{2}}{2+w^{2}} \tag{7.14}$$

求解上述有理函数最优化问题得到最优解 w_{opt}，根据式(7.13)，可以反求出 ϕ 为

$$\phi=2\operatorname{arccot}\left(\tan\frac{\pi}{N}\sqrt{1-\frac{2}{w_{\mathrm{opt}}\cos\dfrac{\pi}{N}}}\right) \tag{7.15}$$

求得了 ϕ，进一步就可以求得 $\theta=\arcsin\left(\dfrac{\phi}{\pi}\right)$。

图 7.2 给出了最优化实现框图。

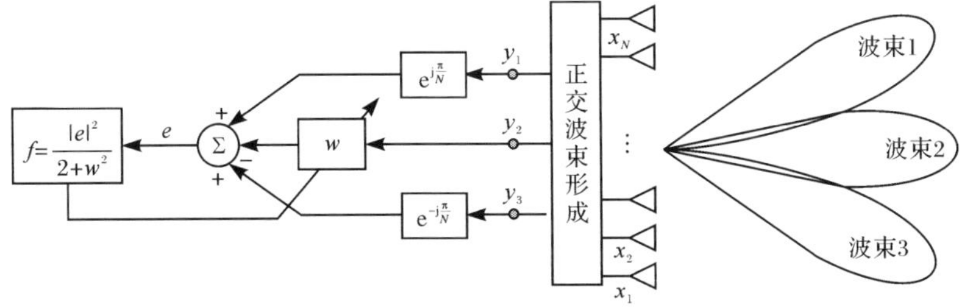

图 7.2　最优化实现方框图

实际上，该方法与 Haykin 的自适应天线阵方法[11~14]本质上是等价的。

7.6 性能分析

考虑垂直均匀线阵，阵元间距为半波长，阵元数为 $N=16$，则波束宽度为 $\theta_{3dB}=0.886\dfrac{\lambda}{Nd}\approx 6.35°$。SNR 定义为直达信号功率与阵元噪声方差的比，即 $\mathrm{SNR}=\dfrac{|A_d|^2}{\sigma^2}$。$\mathrm{RMSE}=\sqrt{E[(\hat{\theta}-\theta_d)^2]}$。针对低角跟踪问题，为了得到一般性结论，目标仰角、RMSE 均对波束宽度进行归一化，目标相对仰角为 $\bar{\theta}_d=\theta_d/\theta_{3dB}$，相对均方根误差为 $\mathrm{NRMSE}=\mathrm{RMSE}/\theta_{3dB}$。

低仰角条件下仰角谱估计性能与 SNR、目标仰角以及 ρ 有关，下面分情况讨论。在研究某一因素对测角性能影响时，固定其他参数为典型值。为分析统计性能进行 Monte Carlo 仿真，仿真次数为 1000。

7.6.1 与 SNR 的关系

在该实验中，设定目标相对仰角 $\bar{\theta}_d=\dfrac{1}{3}$，$\rho=0.8e^{j\frac{160°}{180°}\pi}$。图 7.3 给出了不同 SNR 条件下的波束域仰角谱图，图 7.4 给出了 NRMSE 与 SNR 的关系曲线。图 7.3 和图 7.4 分别从定性和定量的角度描述了 SNR 对估计精度的影响。

从图 7.3 可以看出，随着 SNR 的提高，仰角谱的谱峰越来越“尖锐”，预示着测量精度的提高。从图 7.4 可以看出，NRMSE 随着 SNR 的增加而减小，同时也可以根据测角精度对 SNR 提出要求。

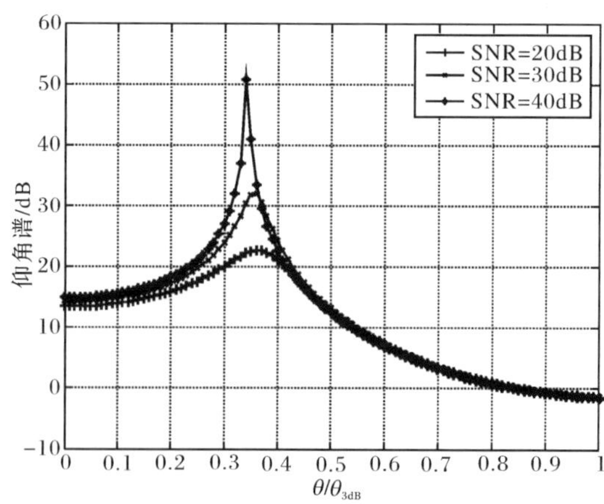

图 7.3 不同 SNR 条件下的仰角谱

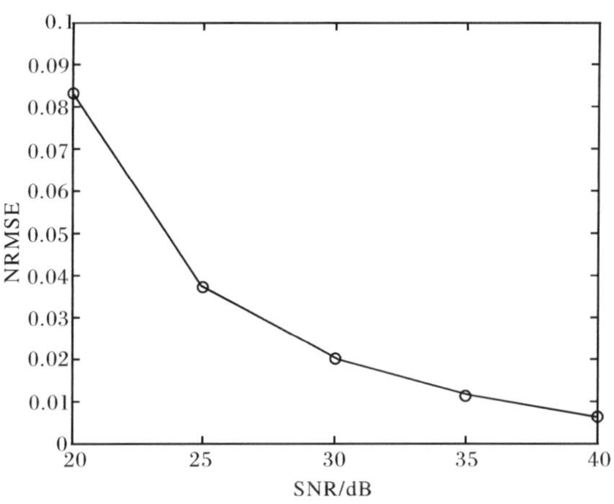

图 7.4　NRMSE 与 SNR 的关系曲线

7.6.2　与目标仰角的关系

在该实验中，设定 SNR＝30dB，$\rho=0.8e^{j\frac{160^\circ}{180^\circ}\pi}$，图 7.5 给出了不同仰角条件下的波束域仰角谱，图 7.6 给出了 NRMSE 与 $\bar{\theta}_d$ 的关系曲线。图 7.5 和图 7.6 分别从定性和定量的角度描述了目标仰角对估计精度的影响。

从图 7.5 可以看出，随着目标仰角的减小，仰角谱的谱峰越来越"胖"，预示着测量精度的下降，并且当目标仰角继续减小时，谱峰有"消失"的趋势，当谱峰"消失"时，则该算法失效，因此存在一个门限，当目标仰角低于该门限时，低角跟踪算法失效。从图 7.6 可以看出，NRMSE 随着目标仰角的减小而增大。

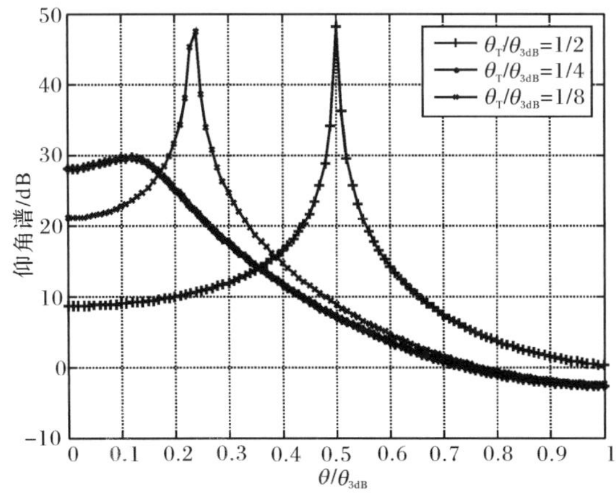

图 7.5　不同仰角条件下的仰角谱

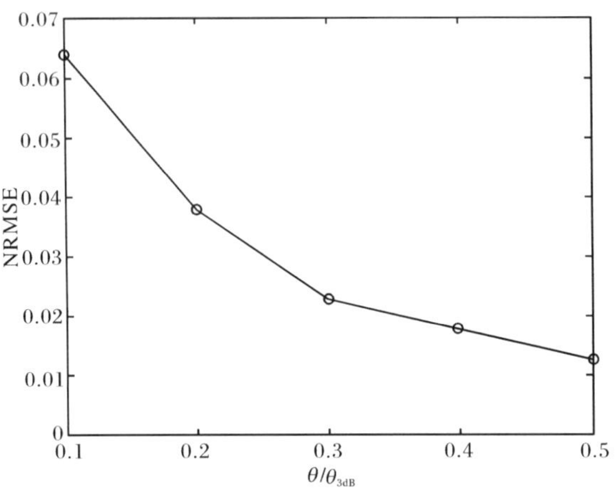

图 7.6　NRMSE 与 $\bar{\theta}_d$ 的关系曲线

7.6.3　与 $\boldsymbol{\rho}$ 的关系

在该实验中，设定 $\bar{\theta}_d=\frac{1}{3}$，SNR＝30dB，图 7.7 给出了 ρ 幅度对仰角谱的影响，其中相位固定为 160°；图 7.8 给出了 ρ 相位对仰角谱的影响，其中幅度固定为 0.8。图 7.9 给出了 $\rho=-1$ 时仰角谱。图 7.10 给出了 URMSE 与 ρ 的关系曲面。图 7.7～图 7.10 分别从定性和定量的角度描述了 ρ 对估计精度的影响。

从图 7.7 可以看出，当 ρ 相位固定时，ρ 幅度越大，仰角谱谱峰越尖锐；从图 7.8可以看出，当 ρ 幅度固定时，ρ 相位越小，仰角谱谱峰越尖锐；从两图对比来看，ρ 相位对仰角谱估计的影响更大。

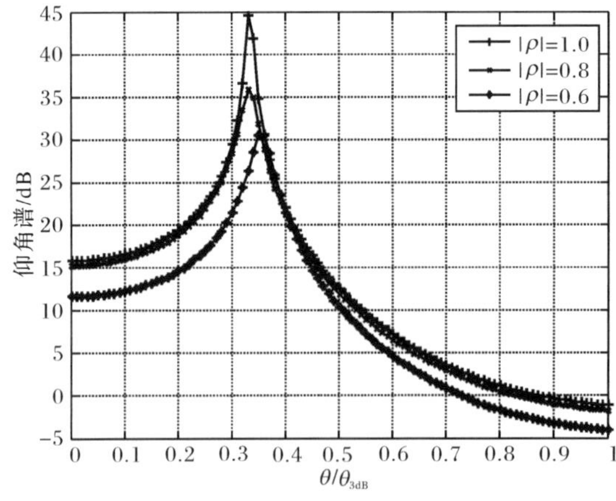

图 7.7　不同 ρ 幅度条件下的仰角谱

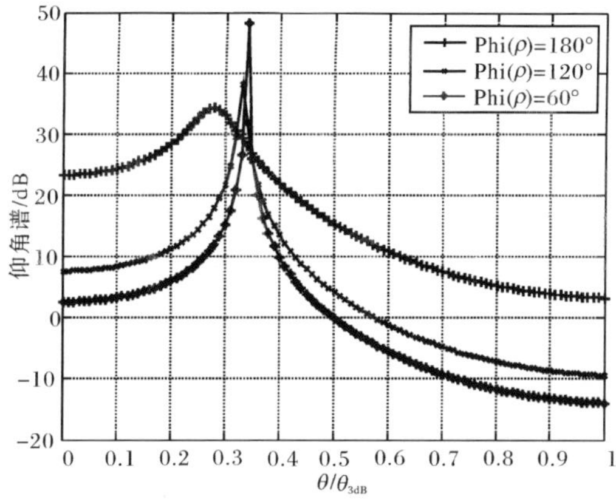

图 7.8 不同 ρ 相位条件下的仰角谱

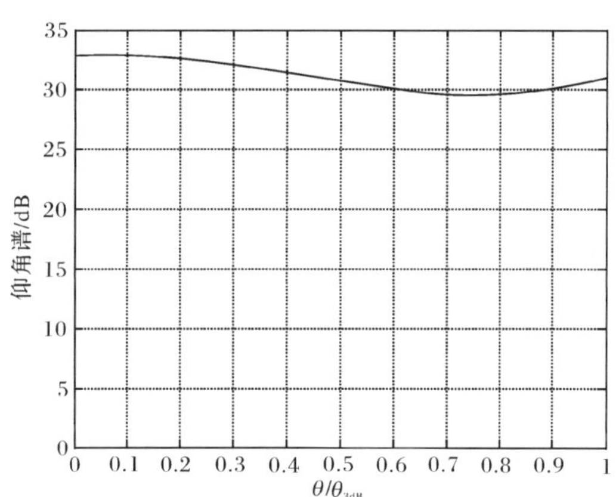

图 7.9 理想镜面反射条件下仰角谱

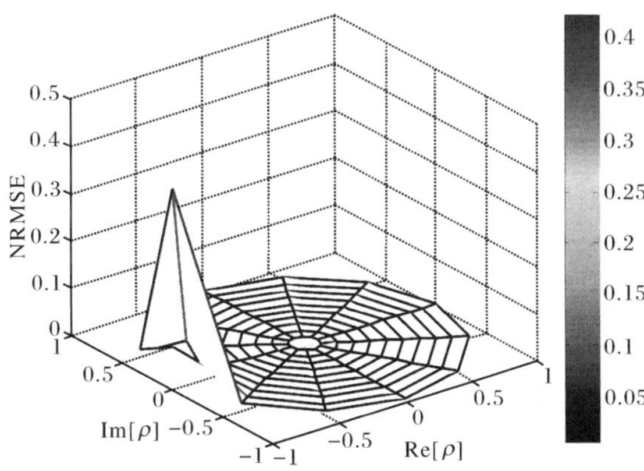

图 7.10 NRMSE 与 ρ 的关系曲面

从图 7.9 可以看出，对于理想镜面反射，即 $\rho=-1$ 时，仰角谱谱峰消失，无法估计出目标仰角，该方法失效。

从图 7.10 可以看出，测量精度在 ρ 平面内关于实轴对称，也就是说 ρ 相位符号对测角无影响。并且仰角估计精度随着 $|1+\rho|$ 减小而变大，也就是说越接近“理想镜面反射”，精度越差，这一点已在第三章得到证明，由于 ρ 的影响，测角精度相差可达 8 倍。

7.7 实测数据处理

应用该方法对某米波雷达实际测量数据进行处理分析，雷达对民航目标进行观测，经过脉压处理、快拍提取、通道误差补偿等预处理后，利用该方法得到目标的仰角谱。图 7.11 展示了利用数据得到的仰角谱，根据谱峰的位置可以估计出目标的仰角。

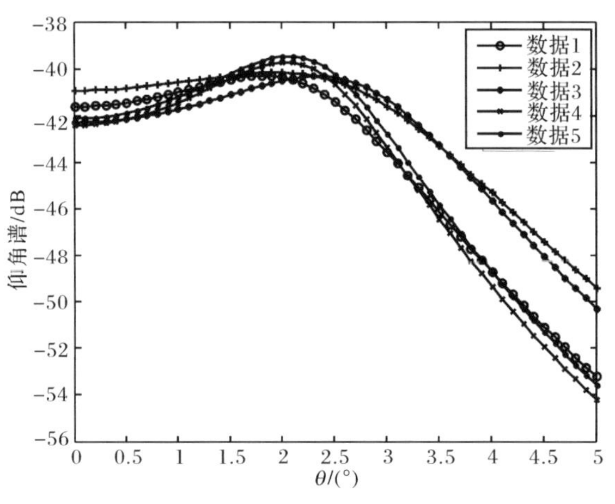

图 7.11 某实测数据仰角谱

对应于五批数据，目标仰角真值和估计值如表 7.1 所示。

表 7.1 目标仰角真值与估计值

序号	1	2	3	4	5
真值	2.42°	2.46°	2.51°	2.56°	2.62°
估计值	1.82°	1.95°	2.34°	2.03°	2.06°

可以看出，在低仰角条件下，仰角估计的平均误差为−0.366°。该阵列天线的波束宽度为 12.75°，因此仰角测量误差相当于波束宽度的 2.87%，相当于 1/35 波束宽度。

对应于五批数据估计出的地面 ρ 如表 7.2 所示。

表 7.2 米波波段 $\boldsymbol{\rho}$ 幅度与相位

序号	1	2	3	4	5
幅度	1.0159	0.8171	0.7881	0.8428	0.9841
相位	21.1731	22.9368	18.5747	22.2450	23.5427

可以看出，在低仰角条件下，利用该算法可以估计出地面 ρ，经过平均得到的米波波段陆地 ρ 幅度为 0.8896，相位为 21.6945°。该算法也提供了一种地面 ρ 的测量方法。

7.8 小　　结

本章提出的波束域低角跟踪算法具有以下四个优点：第一，该算法信号处理流程不依赖于未知 ρ，避免了复反射系数的搜索与估计；第二，阵列信号处理维数低，不用复杂的矩阵特征分解运算；第三，估计出目标仰角后，接着可以估计出 ρ；第四，该算法还可以通过自适应手段来实现。以上优点预示着该算法具有广泛的应用前景，即可以应用在米波陆地环境与 X 波段海环境下目标仰角的测量。但是该方法的性能与目标仰角、ρ 有强烈的依赖关系，尤其是在理想镜面反射条件下完全失效，这是由多径问题本身所决定的，需要通过频率分集、极化分集等手段来解决。

附录 7A 矩阵 $\boldsymbol{B}$ 的求解

已知 $\boldsymbol{s}(\theta_0)=[1,\mathrm{e}^{\mathrm{j}\phi_0},\cdots,\mathrm{e}^{\mathrm{j}(N-1)\phi_0}]^{\mathrm{T}}$，$\boldsymbol{s}(\theta)=[1,\mathrm{e}^{\mathrm{j}\phi},\cdots,\mathrm{e}^{\mathrm{j}(N-1)\phi}]^{\mathrm{T}}$，则

$$\boldsymbol{B}(1,1)=\boldsymbol{s}^{\mathrm{H}}(\theta_0)\boldsymbol{s}(\theta)=\sum_{n=0}^{N-1}\mathrm{e}^{\mathrm{j}n(\phi-\phi_0)}=\frac{\mathrm{e}^{\mathrm{j}N(\phi-\phi_0)}-1}{\mathrm{e}^{\mathrm{j}(\phi-\phi_0)}-1}$$

$$=\mathrm{e}^{\mathrm{j}\frac{N-1}{2}(\phi-\phi_0)}\frac{\sin\dfrac{N(\phi-\phi_0)}{2}}{\sin\dfrac{\phi-\phi_0}{2}}=\mathrm{e}^{\mathrm{j}\frac{N-1}{2}\phi}\mathrm{e}^{-\mathrm{j}\frac{N-1}{2}\phi_0}\frac{\sin\left(\dfrac{N\phi}{2}-\dfrac{N\phi_0}{2}\right)}{\sin\dfrac{\phi-\phi_0}{2}} \tag{7A.1}$$

由于

$$\mathrm{e}^{-\mathrm{j}\frac{N-1}{2}\phi_0}=\mathrm{e}^{-\mathrm{j}\frac{N-1}{2}\cdot\frac{2\pi}{N}}=\mathrm{e}^{-\mathrm{j}\frac{N-1}{N}\pi}=-\mathrm{e}^{\mathrm{j}\frac{\pi}{N}} \tag{7A.2}$$

$$\sin\left(\frac{N\phi}{2}-\frac{N\phi_0}{2}\right)=\sin\left(\frac{N\phi}{2}-\pi\right)=-\sin\frac{N\phi}{2} \tag{7A.3}$$

所以

$$\boldsymbol{B}(1,1)=\sin\frac{N\phi}{2}\mathrm{e}^{\mathrm{j}\frac{N-1}{2}\phi}\frac{\mathrm{e}^{\mathrm{j}\frac{\pi}{N}}}{\sin\frac{\phi-\phi_0}{2}}\stackrel{\text{def}}{=}a \tag{7A. 4}$$

$$\boldsymbol{B}(2,1)=\boldsymbol{s}^{\mathrm{H}}(0)\boldsymbol{s}(\theta)=\sum_{n=0}^{N-1}\mathrm{e}^{\mathrm{j}n\phi}=\frac{\mathrm{e}^{\mathrm{j}N\phi}-1}{\mathrm{e}^{\mathrm{j}\phi}-1}=\sin\frac{N\phi}{2}\mathrm{e}^{\mathrm{j}\frac{N-1}{2}\phi}\frac{1}{\sin\frac{\phi}{2}}\stackrel{\text{def}}{=}b \tag{7A. 5}$$

$$\begin{aligned}\boldsymbol{B}(3,1)&=\boldsymbol{s}^{\mathrm{H}}(-\theta_0)\boldsymbol{s}(\theta)=\sum_{n=0}^{N-1}\mathrm{e}^{\mathrm{j}n(\phi+\phi_0)}=\frac{\mathrm{e}^{\mathrm{j}N(\phi+\phi_0)}-1}{\mathrm{e}^{\mathrm{j}(\phi+\phi_0)}-1}\\&=\mathrm{e}^{\mathrm{j}\frac{N-1}{2}(\phi+\phi_0)}\frac{\sin\frac{N(\phi+\phi_0)}{2}}{\sin\frac{\phi+\phi_0}{2}}=\mathrm{e}^{\mathrm{j}\frac{N-1}{2}\phi}\mathrm{e}^{\mathrm{j}\frac{N-1}{2}\phi_0}\frac{\sin\left(\frac{N\phi}{2}+\frac{N\phi_0}{2}\right)}{\sin\frac{\phi+\phi_0}{2}}\end{aligned} \tag{7A. 6}$$

由于

$$\mathrm{e}^{\mathrm{j}\frac{N-1}{2}\phi_0}=(\mathrm{e}^{-\mathrm{j}\frac{N-1}{2}\phi_0})^*=-\mathrm{e}^{-\mathrm{j}\frac{\pi}{N}} \tag{7A. 7}$$

$$\sin\left(\frac{N\phi}{2}+\frac{N\phi_0}{2}\right)=\sin\left(\frac{N\phi}{2}+\pi\right)=-\sin\frac{N\phi}{2} \tag{7A. 8}$$

所以

$$\boldsymbol{B}(3,1)=\sin\frac{N\phi}{2}\mathrm{e}^{\mathrm{j}\frac{N-1}{2}\phi}\frac{\mathrm{e}^{-\mathrm{j}\frac{\pi}{N}}}{\sin\frac{\phi+\phi_0}{2}}\stackrel{\text{def}}{=}c \tag{7A. 9}$$

$$\boldsymbol{B}(1,2)=\boldsymbol{s}^{\mathrm{H}}(\theta_0)\boldsymbol{s}(-\theta)=[\boldsymbol{s}^{\mathrm{H}}(-\theta_0)\boldsymbol{s}(\theta)]^*=\boldsymbol{B}(3,1)^*=c^* \tag{7A. 10}$$

$$\boldsymbol{B}(2,2)=\boldsymbol{s}^{\mathrm{H}}(0)\boldsymbol{s}(-\theta)=[\boldsymbol{s}^{\mathrm{H}}(0)\boldsymbol{s}(\theta)]^*=\boldsymbol{B}(2,1)^*=b^* \tag{7A. 11}$$

$$\boldsymbol{B}(3,2)=\boldsymbol{s}^{\mathrm{H}}(-\theta_0)\boldsymbol{s}(-\theta)=[\boldsymbol{s}^{\mathrm{H}}(\theta_0)\boldsymbol{s}(\theta)]^*=\boldsymbol{B}(1,1)^*=a^* \tag{7A. 12}$$

至此,矩阵 $\boldsymbol{B}$ 中的各个元素都求出来了。

$$\boldsymbol{B}=\begin{bmatrix}a & c^*\\ b & b^*\\ c & a^*\end{bmatrix} \tag{7A. 13}$$

附录 7B　正交矢量求解

正交矢量满足方程 $\boldsymbol{B}^{\mathrm{H}}\boldsymbol{v}=\boldsymbol{0}$,求解该线性方程可得

$$\boldsymbol{v}=\begin{bmatrix}ab^*-bc^*\\ |c|^2-|a|^2\\ a^*b-b^*c\end{bmatrix} \tag{7B. 1}$$

将式(7A. 4)～式(7A. 6)代入可得

$$\boldsymbol{v}(1)=ab^*-bc^*=\sin\frac{N\phi}{2}\mathrm{e}^{\mathrm{j}\frac{N-1}{2}\phi}\frac{\mathrm{e}^{\mathrm{j}\frac{\pi}{N}}}{\sin\frac{\phi-\phi_0}{2}}\sin\frac{N\phi}{2}\mathrm{e}^{-\mathrm{j}\frac{N-1}{2}\phi}\frac{1}{\sin\frac{\phi}{2}}$$

$$-\sin\frac{N\phi}{2}\mathrm{e}^{\mathrm{j}\frac{N-1}{2}\phi}\frac{1}{\sin\frac{\phi}{2}}\sin\frac{N\phi}{2}\mathrm{e}^{-\mathrm{j}\frac{N-1}{2}\phi}\frac{\mathrm{e}^{\mathrm{j}\frac{\pi}{N}}}{\sin\frac{\phi+\phi_0}{2}}$$

$$=\left(\sin\frac{N\phi}{2}\right)^2\frac{\mathrm{e}^{\mathrm{j}\frac{\pi}{N}}}{\sin\frac{\phi}{2}}\left(\frac{1}{\sin\frac{\phi-\phi_0}{2}}-\frac{1}{\sin\frac{\phi+\phi_0}{2}}\right) \tag{7B.2}$$

$$\boldsymbol{v}(2)=|c|^2-|a|^2=\left|\sin\frac{N\phi}{2}\mathrm{e}^{\mathrm{j}\frac{N-1}{2}\phi}\frac{\mathrm{e}^{-\mathrm{j}\frac{\pi}{N}}}{\sin\frac{\phi+\phi_0}{2}}\right|^2-\left|\sin\frac{N\phi}{2}\mathrm{e}^{\mathrm{j}\frac{N-1}{2}\phi}\frac{\mathrm{e}^{\mathrm{j}\frac{\pi}{N}}}{\sin\frac{\phi-\phi_0}{2}}\right|^2$$

$$=\left(\sin\frac{N\phi}{2}\right)^2\left[\frac{1}{\left(\sin\frac{\phi+\phi_0}{2}\right)^2}-\frac{1}{\left(\sin\frac{\phi-\phi_0}{2}\right)^2}\right] \tag{7B.3}$$

$$\boldsymbol{v}(3)=a^*b-b^*c=\boldsymbol{v}(1)^*=\left(\sin\frac{N\phi}{2}\right)^2\frac{\mathrm{e}^{-\mathrm{j}\frac{\pi}{N}}}{\sin\frac{\phi}{2}}\left(\frac{1}{\sin\frac{\phi-\phi_0}{2}}-\frac{1}{\sin\frac{\phi+\phi_0}{2}}\right) \tag{7B.4}$$

向量除以常数$\dfrac{\left(\sin\frac{N\phi}{2}\right)^2}{\sin\frac{\phi}{2}}\left(\dfrac{1}{\sin\frac{\phi-\phi_0}{2}}-\dfrac{1}{\sin\frac{\phi+\phi_0}{2}}\right)$得到

$$\boldsymbol{v}=\begin{bmatrix}\mathrm{e}^{\mathrm{j}\frac{\pi}{N}}\\ -\left(\dfrac{\sin\frac{\phi}{2}}{\sin\frac{\phi+\phi_0}{2}}+\dfrac{\sin\frac{\phi}{2}}{\sin\frac{\phi-\phi_0}{2}}\right)\\ \mathrm{e}^{-\mathrm{j}\frac{\pi}{N}}\end{bmatrix} \tag{7B.5}$$

可以看出，正交矢量元素 $\boldsymbol{v}(1)$和 $\boldsymbol{v}(3)$均为常数，$\boldsymbol{v}(2)$与 ϕ，也即与 θ 有关。因此，求出了 $\boldsymbol{v}(2)$即求出 θ。

参考文献

[1] Lee T S, Zoltowski M D. Beamspace domain ML based low angle radar tracking with an array of antennas. IEEE AP-S. Digest，1989，2：663-666.

[2] Zoltowski M D, Lee Ta-Sung. Maximum likelihood based sensor array signal processing in the beamspace domain for low angle radar tracking. IEEE Transactions on SP，1991，39(3)：

656-671.

[3] Zoltowski M D, Lee Ta-Sung. Beamspace ML bearing estimation incorporating low-angle geometry. IEEE Transactions on AES,1991,27(3):441-458.

[4] Gao S W,Bao Z. A beam space ML algorithm for radar low-angle tracking. IEEE Radar Conference,1992:268-272.

[5] Chen J W,Chen H. A space-time beam-space ML algorithm for low-angle tracking. IEEE Antennas and Propagation Society Symposium,2004,3:3245-3248.

[6] Shu T,Liu X Z,Yu W X. Target height finding in narrowband ground-based 3D surveillance radar using beamspace approach. IEEE Radar Conference,2009:1-6.

[7] Richard K. 空时自适应处理原理. 南京电子技术研究所,译. 北京:高等教育出版社,2009.

[8] 王永良,丁前军,李荣锋. 自适应阵列处理. 北京:清华大学出版社,2009.

[9] 王永良,陈辉,彭应宁,等. 空间谱估计理论与算法. 北京:清华大学出版社,2004.

[10] 张光义. 相控阵雷达原理. 北京:国防工业出版社,2009.

[11] Kesler J,Haykin S. A new adaptive antenna for elevation angle estimation in the presence of multipath. IEEE AP-S. Digest,1980:130-133.

[12] Edward C,Du F. An adaptive low-angle tracking system. IEEE Transactions on AP,1981,29(5):766-772.

[13] Haykin S,Sc B,Sc D,et al. Adaptive canceller for elevation angle estimation in the presence of multipath//IEE Proceedings of Pt. F,1983,130(4):303-308.

[14] Haykin S. Least squares adaptive antenna for angle of arrival estimation. IEEE Proceedings,1984,72(4):528-530.

第八章　空间平滑法

8.1 引　言

从阵列信号处理角度看，低角跟踪可以归结为相干信号的DOA估计问题，有三种技术途径来消除信源间的相干性，即空间平滑法、频率分集法和极化平滑法。本章将重点研究空间平滑方法，它是空间谱估计技术在低角跟踪中最直接的应用。

以阵列协方差矩阵特征分解为基础的高分辨算法，如MUSIC算法、ESPRIT算法等，对于相关源问题通常会失效。信号间相关性会使得阵列协方差矩阵变得病态，为欠秩矩阵，在经典空间谱估计算法应用时，信号子空间与噪声子空间相互渗透，估计的信号源数和信号子空间维数均小于真实值，不能对信号空间角度进行有效分辨或测向。为了解决相干信源的空间谱估计问题，国内外学者提出了一些有效的方法。Evans[1]以及Shan[2]在20世纪80年代提出了空间平滑技术。目前，空间平滑技术已成为一种公认的有效的解相干算法[3~7]，而且该技术依然在不断发展中。文献[8]将空间平滑方法从均匀线阵扩展至阵元任意排布的阵列，文献[9]提出了二维空间平滑技术并实现了多径条件下相干源的分离与识别。文献[10]提出了空间差分平滑算法用于相干源估计，文献[11]将空间平滑算法用于米波三坐标雷达中。空间平滑的基本思想是利用子阵技术对阵列的输出进行预处理，然后对各子阵的输出协方差矩阵进行平均得到修正的协方差矩阵，从而实现解相干，使得空间谱估计算法在相干源条件下依然能够正确地估计出信号的角度。但是空间平滑技术又引入了估计偏差，并且牺牲了阵列的增益和分辨率。

本章首先给出多径条件下空间平滑解相干的基本原理，同时给出了理论的解相干效能。在此基础上给出了基于前向空间平滑的MUSIC空间谱估计算法。然后通过仿真分析了基于前向平滑的MUSIC算法的角度估计性能与子阵数、SNR、目标仰角以及复反射系数ρ之间的关系。最后，用实测数据验证了方法的有效性。

8.2　多径阵列信号模型

对于N元垂直均匀线阵，阵元间距为半波长，且假设均为各向同性阵元。阵列天线接收信号包括直达信号与多径信号，利用前述多径信号与直达信号的关

系,阵列接收信号可表示为

$$\boldsymbol{x}(k)=[\boldsymbol{s}(\theta)+\rho\boldsymbol{s}(-\theta)]A_{\mathrm{d}}(k)+\boldsymbol{n}(k) \tag{8.1}$$

也可以用矩阵表示为

$$\boldsymbol{x}(k)=[\boldsymbol{s}(\theta)\quad \boldsymbol{s}(-\theta)]\cdot\begin{bmatrix}1\\ \rho\end{bmatrix}\cdot A_{\mathrm{d}}(k)+\boldsymbol{n}(k)=\boldsymbol{A}(\theta)\boldsymbol{w}A_{\mathrm{d}}(k)+\boldsymbol{n}(k) \tag{8.2}$$

其中,$\boldsymbol{A}(\theta)=[\boldsymbol{s}(\theta)\quad \boldsymbol{s}(-\theta)]$为多径条件下阵列流型矩阵;$\boldsymbol{w}=[1,\rho]^{\mathrm{T}}$ 为相干矢量;$\boldsymbol{n}(k)$为阵列接收机热噪声矢量,假设各阵元信道内部噪声为零均值平稳随机过程,噪声过程的二阶矩为 $\boldsymbol{R}_{\mathrm{n}}=\sigma^2\boldsymbol{I}_N$;$\boldsymbol{s}(\theta)$为阵列信号导向矢量,可具体表示为$\boldsymbol{s}(\theta)=[1,\mathrm{e}^{\mathrm{j}\phi},\mathrm{e}^{\mathrm{j}2\phi},\cdots,\mathrm{e}^{\mathrm{j}(N-1)\phi}]^{\mathrm{T}}$,$\phi=\pi\sin\theta$ 为相邻阵元相位差,并且 $\|\boldsymbol{s}(\theta)\|=N$。

在该模型中,仰角 θ 和 ρ 均是未知的,而 θ 是待求的量。阵列协方差矩阵为

$$\boldsymbol{R}=\boldsymbol{AQA}^{\mathrm{H}}+\sigma^2\boldsymbol{I}_N \tag{8.3}$$

其中,

$$\boldsymbol{Q}=P_{\mathrm{S}}\boldsymbol{w}\boldsymbol{w}^{\mathrm{H}}=P_{\mathrm{S}}\begin{bmatrix}1 & \rho^*\\ \rho & |\rho|^2\end{bmatrix} \tag{8.4}$$

其中,$P_{\mathrm{S}}=\mathrm{E}\{|A_{\mathrm{d}}(t)|^2\}$为直达信号功率。可知,$\boldsymbol{Q}$ 的秩是 1,因此 $\boldsymbol{R}$ 的秩也是 1,其特征值满足:$\lambda_1>\lambda_2=\lambda_3=\cdots=\lambda_N=\sigma^2$,由此可见,从特征值的分布无法估计信号源个数,因此,所有基于特征值结构的算法不能直接用来估计相干信号源的空间角度。

8.3 空间平滑与去相干效能

空间平滑主要有:前向平滑[12]、双向平滑、修正的空间平滑[13]及空域滤波[14]等。空间平滑的基本思想是利用子阵技术对阵列的输出进行预处理,通过对各子阵的输出协方差矩阵进行平均获得最终的协方差矩阵,通过预处理达到解相干的目的。各种不同的平滑算法的主要差异在于预处理的方式,即空间平滑子阵的设计方式。本章主要介绍前向平滑算法,并分析其在低角跟踪中的应用问题。

8.3.1 前向平滑

首先将均匀线阵的 N 个阵元分成大小为 N_0、相互交叠的分阵列。以阵元$\{1,2,\cdots,N_0\}$构成第一个子阵列,阵元$\{2,3,\cdots,N_0+1\}$构成第二个子阵列,依此类推,直到由$\{L,L+1,\cdots,N\}$阵元构成的第 L 个子阵列,其中 $L=N-N_0+1$ 为前向子阵的总数。图 8.1 给出了阵元数 $N=8$,子阵数 $L=4$,$N_0=5$ 的例子,从左至右视为前向,从右至左视为后向。

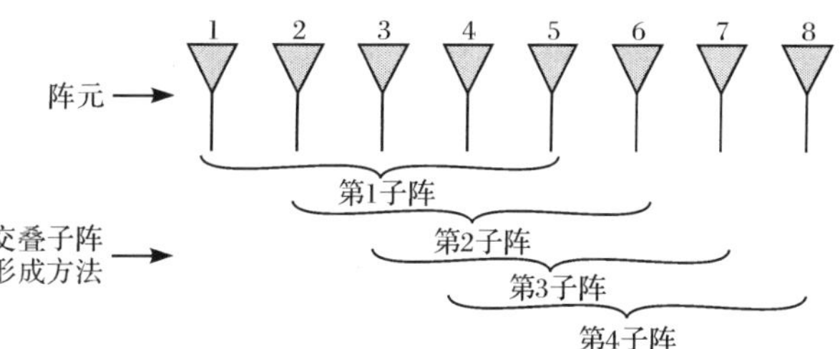

图 8.1　前向平滑阵列划分示意图

以$\boldsymbol{x}_l(t)$表示第 l 个子阵列的输出，$l=1,2,\cdots,L$，则

$$\boldsymbol{x}_l(k)=\boldsymbol{A}_0\boldsymbol{D}^{l-1}\boldsymbol{w}A_{\mathrm{d}}(k)+\boldsymbol{n}_l(k) \tag{8.5}$$

其中，$\boldsymbol{A}_0$ 为子阵对应的阵列流型矩阵；$\boldsymbol{D}$ 为对角阵

$$\boldsymbol{D}=\begin{bmatrix}\mathrm{e}^{\mathrm{j}\phi} & 0\\ 0 & \mathrm{e}^{-\mathrm{j}\phi}\end{bmatrix} \tag{8.6}$$

第 l 个子阵列的阵列协方差矩阵为

$$\boldsymbol{R}_l=P_{\mathrm{S}}\boldsymbol{A}_0\boldsymbol{D}^{l-1}\boldsymbol{Q}\,(\boldsymbol{D}^{l-1})^{\mathrm{H}}\boldsymbol{A}_0^{\mathrm{H}}+\sigma^2\boldsymbol{I}_{N_0} \tag{8.7}$$

前向空间平滑后的阵列协方差矩阵为前向子阵列协方差矩阵的平均值，即

$$\boldsymbol{R}^{\mathrm{f}}=\frac{1}{L}\sum_{l=1}^{L}\boldsymbol{R}_l=P_{\mathrm{S}}\boldsymbol{A}_0\left[\frac{1}{L}\sum_{l=1}^{L}\boldsymbol{D}^{l-1}\boldsymbol{Q}\,(\boldsymbol{D}^{l-1})^{\mathrm{H}}\right]\boldsymbol{A}_0^{\mathrm{H}}+\sigma^2\boldsymbol{I}_{N_0}=P_{\mathrm{S}}\boldsymbol{A}_0\boldsymbol{Q}^{\mathrm{f}}\boldsymbol{A}_0^{\mathrm{H}}+\sigma^2\boldsymbol{I}_{N_0} \tag{8.8}$$

其中，$\boldsymbol{Q}^{\mathrm{f}}$ 为空间平滑后时域复包络协方差矩阵，即

$$\boldsymbol{Q}^{\mathrm{f}}=\frac{1}{L}\sum_{l=1}^{L}\boldsymbol{D}^{l-1}\boldsymbol{Q}\,(\boldsymbol{D}^{l-1})^{\mathrm{H}}=\frac{1}{L}\sum_{l=1}^{L}\boldsymbol{D}^{l-1}\boldsymbol{w}\boldsymbol{w}^{\mathrm{H}}\,(\boldsymbol{D}^{l-1})^{\mathrm{H}} \tag{8.9}$$

改写为矩阵相乘的形式

$$\boldsymbol{Q}^{\mathrm{f}}=\frac{1}{L}[\boldsymbol{w},\boldsymbol{D}\boldsymbol{w},\cdots,\boldsymbol{D}^{L-1}\boldsymbol{w}]\begin{bmatrix}\boldsymbol{w}^{\mathrm{H}}\\(\boldsymbol{D}\boldsymbol{w})^{\mathrm{H}}\\ \vdots\\(\boldsymbol{D}^{L-1}\boldsymbol{w})^{\mathrm{H}}\end{bmatrix}\overset{\mathrm{def}}{=}\frac{1}{L}\boldsymbol{C}\boldsymbol{C}^{\mathrm{H}} \tag{8.10}$$

显然 $\boldsymbol{Q}^{\mathrm{f}}$ 的秩等于 $\boldsymbol{C}$ 的秩，而 $\boldsymbol{C}$ 可以写为

$$\boldsymbol{C}=[\boldsymbol{w},\boldsymbol{D}\boldsymbol{w},\cdots,\boldsymbol{D}^{L-1}\boldsymbol{w}]=\mathrm{diag}(\boldsymbol{w})\begin{bmatrix}1 & \mathrm{e}^{\mathrm{j}\phi} & \cdots & \mathrm{e}^{\mathrm{j}(L-1)\phi}\\ 1 & \mathrm{e}^{-\mathrm{j}\phi} & \cdots & \mathrm{e}^{-\mathrm{j}(L-1)\phi}\end{bmatrix}\overset{\mathrm{def}}{=}\mathrm{diag}(\boldsymbol{w})\boldsymbol{V} \tag{8.11}$$

因此，$\boldsymbol{Q}^{\mathrm{f}}$ 的秩等于 $\boldsymbol{V}$ 的秩，而 $\boldsymbol{V}$ 是一个 $2L$ 阶范德蒙德矩阵，因此

$$\mathrm{Rank}(\boldsymbol{Q}^{\mathrm{f}})=\mathrm{Rank}(\boldsymbol{V})=\min(2,L) \tag{8.12}$$

因此，当且仅当 $L\geqslant2$ 时，$\mathrm{Rank}(\boldsymbol{Q}^{\mathrm{f}})=2$。所以当 $L=N-N_0+1\geqslant2$ 或等价的

$N_0 \leqslant N-1$ 时，采用前向空间平滑后，$\boldsymbol{Q}^{\mathrm{f}}$ 为满秩矩阵，且其秩等于信源个数。经空间平滑后，可以直接利用特征分解类高分辨算法进行空间谱估计。

8.3.2 去相干效能

经过空间平滑后阵列协方差矩阵的秩由 1 变为 2，但是“去相干”效能仍有差别，可以用$\boldsymbol{Q}^{\mathrm{f}}$ 的条件数来衡量空间平滑处理的去相干程度。

$$\boldsymbol{Q}^{\mathrm{f}}=\frac{1}{L}\begin{bmatrix} L & \rho^{*}\sum_{n=0}^{L-1}\mathrm{e}^{\mathrm{j}2n\phi} \\ \rho\sum_{n=0}^{L-1}\mathrm{e}^{-\mathrm{j}2n\phi} & L\,|\rho|^{2}\end{bmatrix}=\begin{bmatrix} 1 & \rho^{*}\,\mathrm{e}^{\mathrm{j}(L-1)\phi}\,\dfrac{\sin(2L\phi)}{L\sin(2\phi)} \\ -\rho\,\mathrm{e}^{-\mathrm{j}(L-1)\phi}\,\dfrac{\sin(2L\phi)}{L\sin(2\phi)} & |\rho|^{2}\end{bmatrix} \tag{8.13}$$

平滑算法主要是对协方差矩阵的次对角线元素产生影响，改变了相干信源之间的互相关性。根据条件数的定义

$$\mathrm{cond}\{\boldsymbol{Q}^{\mathrm{f}}\}=\frac{\lambda_{\max}\{\boldsymbol{Q}^{\mathrm{f}}\}}{\lambda_{\min}\{\boldsymbol{Q}^{\mathrm{f}}\}}=\frac{\mathrm{Tr}\{\boldsymbol{Q}^{\mathrm{f}}\}+\sqrt{\mathrm{Tr}\,\{\boldsymbol{Q}^{\mathrm{f}}\}^{2}-4\,|\boldsymbol{Q}^{\mathrm{f}}|}}{\mathrm{Tr}\{\boldsymbol{Q}^{\mathrm{f}}\}-\sqrt{\mathrm{Tr}\,\{\boldsymbol{Q}^{\mathrm{f}}\}^{2}-4\,|\boldsymbol{Q}^{\mathrm{f}}|}} \tag{8.14}$$

其中，$\mathrm{Tr}\{\boldsymbol{Q}^{\mathrm{f}}\}$ 和 $|\boldsymbol{Q}^{\mathrm{f}}|$ 分别为$\boldsymbol{Q}^{\mathrm{f}}$ 的迹和行列式，即

$$\mathrm{Tr}\{\boldsymbol{Q}^{\mathrm{f}}\}=1+|\rho|^{2} \tag{8.15}$$

$$|\boldsymbol{Q}^{\mathrm{f}}|=|\rho|^{2}\left[1-\frac{\sin^{2}(2L\phi)}{L^{2}\sin^{2}(2\phi)}\right] \tag{8.16}$$

将式(8.15)、式(8.16)代入式(8.14)，化简得

$$\begin{aligned}\mathrm{cond}\{\boldsymbol{Q}^{\mathrm{f}}\}&=\frac{1+|\rho|^{2}+\sqrt{(1+|\rho|^{2})^{2}-4\,|\rho|^{2}\left[1-\dfrac{\sin^{2}(2L\phi)}{L^{2}\sin^{2}(2\phi)}\right]}}{1+|\rho|^{2}-\sqrt{(1+|\rho|^{2})^{2}-4\,|\rho|^{2}\left[1-\dfrac{\sin^{2}(2L\phi)}{L^{2}\sin^{2}(2\phi)}\right]}}\\&=\frac{1+|\rho|^{2}+\sqrt{|\rho|^{4}-2\,|\rho|^{2}\left[1-\dfrac{2\sin^{2}(2L\phi)}{L^{2}\sin^{2}(2\phi)}\right]+1}}{1+|\rho|^{2}-\sqrt{|\rho|^{4}-2\,|\rho|^{2}\left[1-\dfrac{2\sin^{2}(2L\phi)}{L^{2}\sin^{2}(2\phi)}\right]+1}}\end{aligned} \tag{8.17}$$

图 8.2 给出了 $\rho=0.8\mathrm{e}^{\mathrm{j}\frac{160^{\circ}}{180^{\circ}}\pi}$时，在小擦地角(0°～10°)条件下，条件数与目标仰角的关系曲线。

从图 8.2 可以看出，目标仰角越小，空间平滑去相干效能越差，这说明空间平滑也无法从根本上解决低角跟踪问题。

另外，子阵个数越少，空间平滑算法的去相干效能也越差。虽然子阵个数越大，对解相干越有利；但是，子阵个数越大，子阵的孔径越小，对角分辨力和角精度

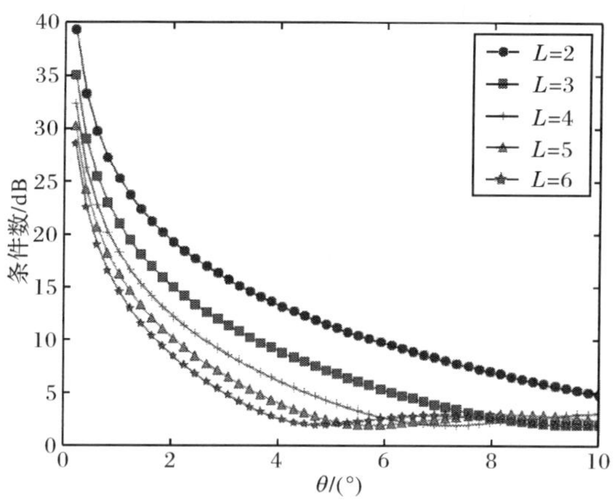

图 8.2　条件数与擦地角关系曲线

不利。因此，阵列仰角估计性能是子阵数的函数，尤其需要详细论证。事实上，空间平滑算法是以牺牲阵列的有效孔径来实现信源去相干的，通过进一步对平滑子阵数的设计，同时兼顾解相干性能和角度估计性能，能够获得最优的空间平滑设计方案。

8.4　FSS-MUSIC 谱估计

通过上述的分析可知，通过空间平滑使得修正协方差矩阵满秩，且秩等于信源个数。因此经过空间平滑解相干后，就能使用矩阵特征分解类高分辨估计算法估计出相干信源的角度，下面给出基于前向空间平滑的 MUSIC 谱估计(forword spatial smoothing MUSIC，FSS-MUSIC)算法。

简单起见，下面从另一个角度对上述的空间平滑算法进行表述。定义 $N_0 \times N$ 维的数据矩阵

$$\boldsymbol{N}_l = [\boldsymbol{0}_{N_0 \times (l-1)}, \boldsymbol{I}_{N_0 \times N_0}, \boldsymbol{0}_{N_0 \times (L-l)}] \tag{8.18}$$

于是式(8.5)可以转化为

$$\boldsymbol{x}_l(k) = \boldsymbol{N}_l \boldsymbol{X}(k) \tag{8.19}$$

假设快拍数为 K，根据有限长度的接收数据，给出前向平滑的修正协方差矩阵为

$$\hat{\boldsymbol{R}}^{\mathrm{f}} = \frac{1}{K}\frac{1}{L}\sum_{l=1}^{L}\sum_{k=1}^{K}\boldsymbol{N}_l \boldsymbol{X}(k)^{\mathrm{H}} \boldsymbol{X}(k) \boldsymbol{N}_l^{\mathrm{H}} \tag{8.20}$$

在单快拍($K=1$)条件下，阵列采样协方差矩阵简化为

$$\hat{\boldsymbol{R}}^{\mathrm{f}} = \frac{1}{L}\sum_{l=1}^{L}\boldsymbol{N}_l \boldsymbol{x}^{\mathrm{H}} \boldsymbol{x} \boldsymbol{N}_l^{\mathrm{H}} \tag{8.21}$$

对阵列采样协方差矩阵进行特征分解可得

$$\hat{\boldsymbol{R}}^{\mathrm{f}}=\sum_{n=1}^{N_0}\lambda_n\boldsymbol{u}_n\boldsymbol{u}_n^{\mathrm{H}} \tag{8.22}$$

其中，$\lambda_1>\lambda_2\gg\lambda_3\approx\cdots\lambda_{N_0}\approx\sigma^2$，两个大特征值 λ_1 和 λ_2 对应的特征矢量$\boldsymbol{u}_1$ 和$\boldsymbol{u}_2$ 张成信号子空间，令$\boldsymbol{U}_{\mathrm{S}}=[\boldsymbol{u}_1,\boldsymbol{u}_2]$，则基于信号子空间可得 FSS-MUSIC 空间谱为

$$P(\theta)=\frac{\|\boldsymbol{s}_0(\theta)\|^2}{\|\boldsymbol{s}_0(\theta)\|^2-\|\boldsymbol{U}_{\mathrm{S}}^{\mathrm{H}}\boldsymbol{s}_0(\theta)\|^2}=\frac{1}{1-\|\boldsymbol{U}_{\mathrm{S}}^{\mathrm{H}}\boldsymbol{s}_0(\theta)\|^2} \tag{8.23}$$

其中，$\boldsymbol{s}_0(\theta)$为子阵对应的导向矢量。谱峰位置反映了信号角度，对于镜像对称多径问题，空间谱存在两个谱峰，通过搜索得到的谱峰位置 $\hat{\theta}_1$ 和 $\hat{\theta}_2$ 分别对应直达信号和镜面反射信号的角度，因此目标仰角估计值为

$$\hat{\theta}=\frac{\hat{\theta}_1-\hat{\theta}_2}{2} \tag{8.24}$$

8.5 性能分析

考虑垂直均匀线阵，阵元间距为半波长，阵元数为 $N=16$，则波束宽度为 $\theta_{3\mathrm{dB}}=0.886\dfrac{\lambda}{Nd}\approx6.35°$。SNR 定义为直达信号功率与阵元噪声方差的比，即 $\mathrm{SNR}=\dfrac{|A_{\mathrm{d}}|^2}{\sigma^2}$。$\mathrm{RMSE}=\sqrt{E[(\hat{\theta}-\theta_{\mathrm{d}})^2]}$。针对低角跟踪问题，为了得到一般性结论，目标仰角、RMSE 均对波束宽度进行归一化，目标相对仰角为 $\bar{\theta}_{\mathrm{d}}=\theta_{\mathrm{d}}/\theta_{3\mathrm{dB}}$，相对均方根误差为 $\mathrm{NRMSE}=\mathrm{RMSE}/\theta_{3\mathrm{dB}}$。

低仰角条件下仰角谱估计性能与子阵数、SNR、目标仰角以及 ρ 有关，下面分情况讨论。在研究某一因素对测角性能的影响时，固定其他参数为典型值。为分析统计性能进行 Monte Carlo 仿真，仿真次数为 1000。

8.5.1 与子阵数的关系

在该实验中，设定 SNR＝30dB，目标相对仰角 $\bar{\theta}_{\mathrm{d}}=\dfrac{1}{3}$，$\rho=0.8\mathrm{e}^{\mathrm{j}\frac{160°}{180°}\pi}$。图 8.3 给出了不同子阵数条件下的空间谱图，图 8.4 给出了 NRMSE 与子阵数的关系曲线。图 8.3 和图 8.4 分别从定性和定量的角度描述了子阵数对估计精度的影响。

从图 8.4 可以看出，NRMSE 随着子阵数的增加先减小而后增加，当子阵数为 4 时，估计精度最高。从图 8.3 可以看出，当子阵数为 4 时，空间谱谱峰比子阵数为 2 和子阵数为 14 时尖锐。

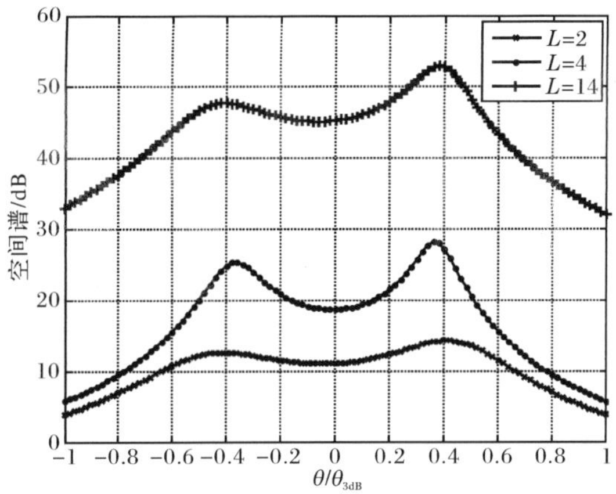

图 8.3　不同子阵数条件下的空间谱

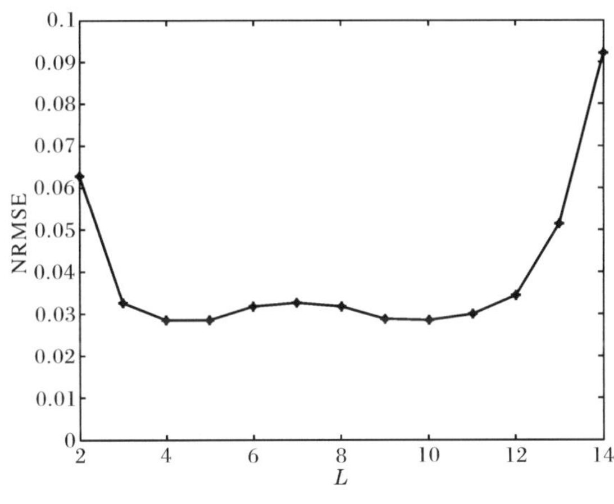

图 8.4　NRMSE 与子阵数的关系曲线

8.5.2　与 SNR 的关系

在该实验中，设定 $L=4, \bar{\theta}_{\mathrm{d}}=\dfrac{1}{3}, \rho=0.8\mathrm{e}^{\mathrm{j}\frac{160^{\circ}}{180^{\circ}}\pi}$。图 8.5 给出了不同 SNR 条件下的空间谱图，图 8.6 给出了 NRMSE 与 SNR 的关系曲线。图 8.5 和图 8.6 分别从定性和定量的角度描述了 SNR 对估计精度的影响。

从图 8.5 可以看出，随着 SNR 的提高，仰角谱的谱峰越来越“尖锐”，预示着测量精度的提高。从图 8.6 可以看出，NRMSE 随着 SNR 的增加而减小，同时也可以根据测角精度对 SNR 提出要求。

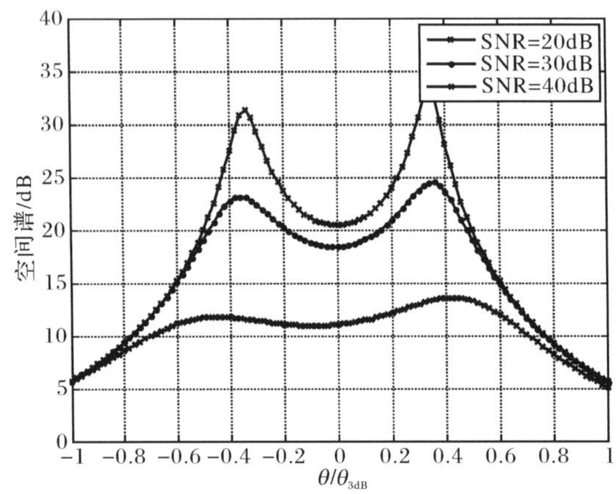

图 8.5　不同 SNR 条件下的空间谱

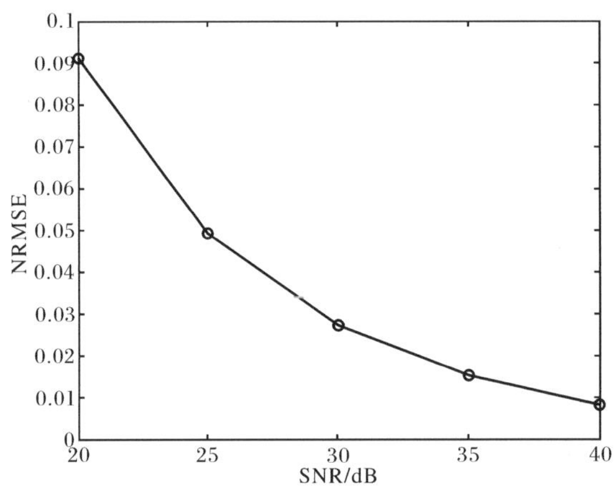

图 8.6　NRMSE 与 SNR 的关系曲线

8.5.3　与目标仰角的关系

在该实验中，设定 $L=4$，SNR＝30dB，$\rho=0.8e^{j\frac{160°}{180°}\pi}$，图 8.7 给出了不同仰角条件下的空间谱图，图 8.8 给出了 NRMSE 与 $\bar{\theta}_d$ 的关系曲线。图 8.7 和图 8.8 分别从定性和定量的角度描述了目标仰角对估计精度的影响。

从图 8.7 可以看出，随着目标仰角的减小，仰角谱的谱峰越来越“胖”，预示着测量精度的下降，并且当目标仰角继续减小时，谱峰有“消失”的趋势，当谱峰“消失”时，则该算法失效，因此存在一个门限，当目标仰角低于该门限时，低角跟踪算法失效。从图 8.8 可以看出，NRMSE 随着目标仰角的减小而增大。

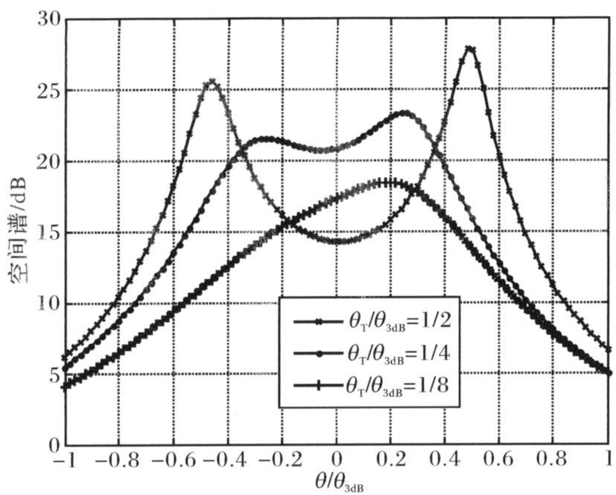

图 8.7　不同仰角条件下的空间谱

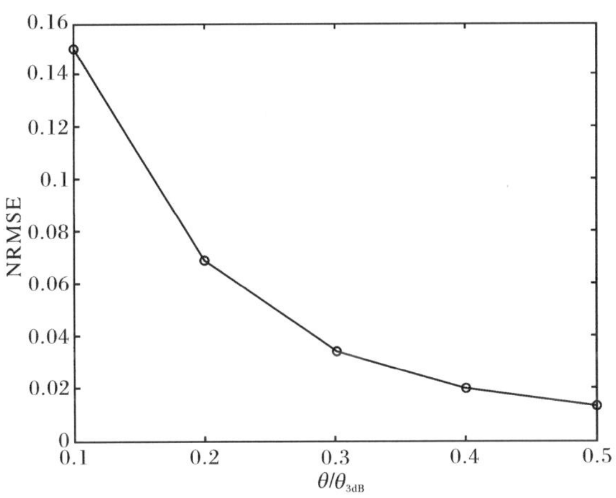

图 8.8　NRMSE 与 $\bar{\theta}_d$ 的关系曲线

8.5.4　与 $\boldsymbol{\rho}$ 的关系

在该实验中，设定 $L=4$，$\bar{\theta}_d=\frac{1}{3}$，SNR＝30dB，图 8.9 给出了 ρ 幅度对仰角谱的影响，其中相位固定为 160°；图 8.10 给出了 ρ 相位对仰角谱的影响，其中幅度固定为 0.8。图 8.11 给出了 $\rho=-1$ 时的仰角谱。图 8.12 给出了 NRMSE 与 ρ 的关系曲面。图 8.9～图 8.12 分别从定性和定量的角度描述了 ρ 对估计精度的影响。

从图 8.9 可以看出，镜像目标谱峰高度与 ρ 幅度有关，ρ 幅度越大，镜像目标谱峰越高；从图 8.10 可以看出，ρ 相位对镜像目标谱峰的位置有影响，对谱峰的尖

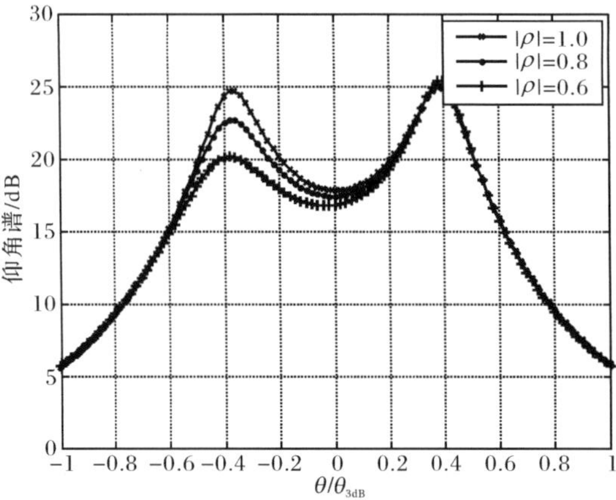

图 8.9　不同 ρ 幅度条件下的仰角谱

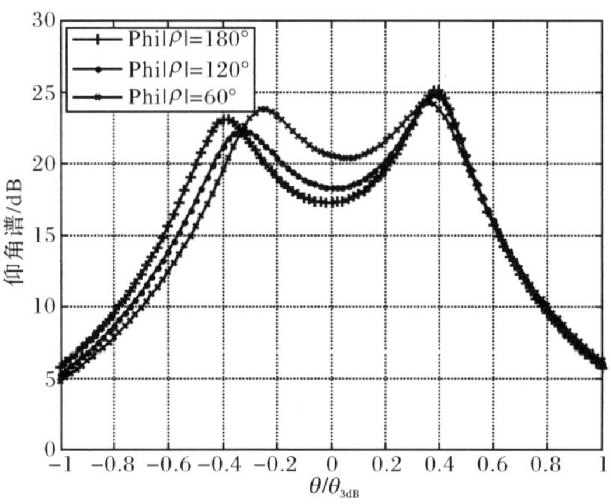

图 8.10　不同 ρ 相位条件下的仰角谱

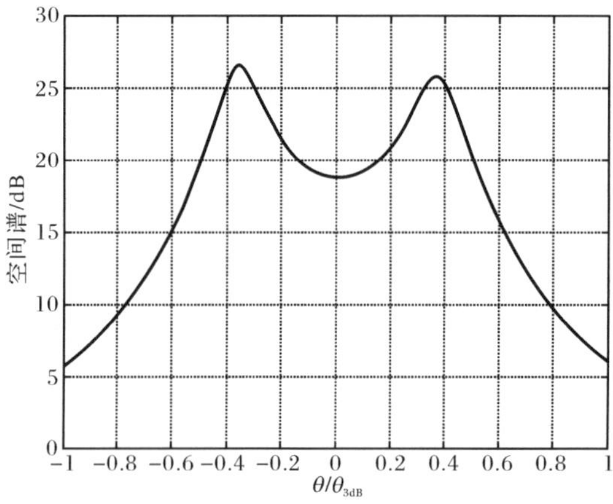

图 8.11　理想镜面反射条件下空间谱

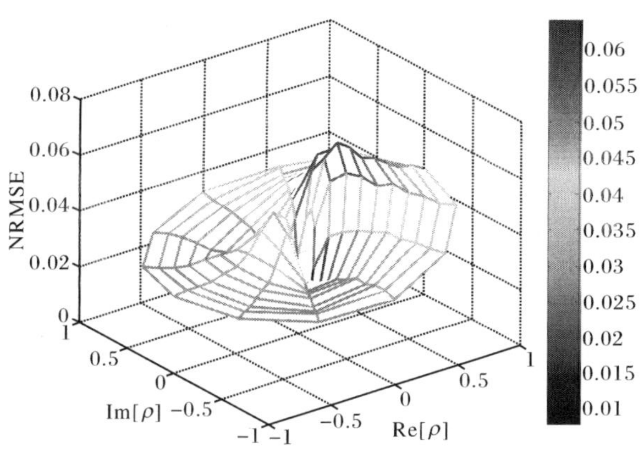

图 8.12　NRMSE 与 ρ 的关系曲面

锐程度影响不大。

从图 8.11 可以看出，对于理想镜面反射，即 $\rho=-1$ 时，基于空间平滑的空间谱估计方法依然有效。

从图 8.12 可以看出，测量精度在 ρ 平面内关于实轴对称，也就是说 ρ 相位符号对测角无影响。当 ρ 接近"理想镜面反射"时精度较好，这是本方法的特色，这是因为当 ρ 幅度越大，镜像目标的强度越大，空间谱谱峰越尖锐，越有利于角度测量。

8.6　实测数据处理

应用空间平滑技术对某米波阵列雷达外场实际测量数据进行处理分析。对民航目标进行观测，经过脉冲压缩、快拍提取、通道误差补偿等预处理后，利用本方法得到雷达对目标的低角跟踪结果。

在对实测数据的处理中，应用了前向平滑技术，子阵个数设计为 2。图 8.13 给出了其中一次快拍数据的 MUSIC 谱曲线，可以看出空间平滑可以去除虚假谱峰，而且谱峰更加尖锐。因此可以预见，空间平滑对测角性能将有一定程度的改善。

图 8.14 给出了 100 次测角结果，可以看出，通过空间平滑处理后，目标仰角的测量值分布较集中，而未经过空间平滑处理的角度测量值则起伏剧烈。数据的统计结果在表 8.1 中给出。统计结果表明，空间平滑处理后目标仰角的估计较为稳定。

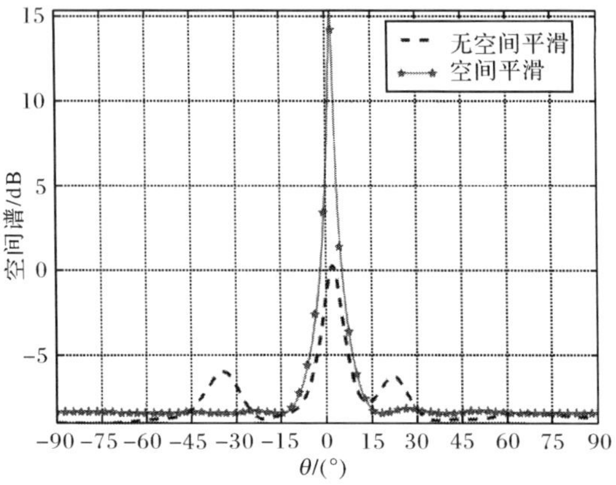

图 8.13 某实测快拍数据的空间谱

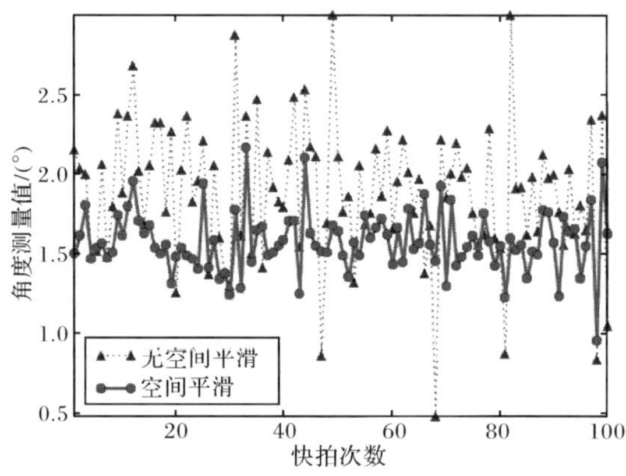

图 8.14 某批次数据测角结果

表 8.1 100 次测量的统计结果

统计指标	无空间平滑	空间平滑
测量值均值/(°)	1.887	1.578
测角值标准差/(°)	0.431	0.192

8.7 小 结

本章在阵列雷达的基础上通过 MUSIC 方法进行空间谱估计，实现目标的角度测量。为克服多径带来的信号相关性，采用了的空间平滑技术对阵列输出进行预处理，实现了信号的解相干，最终对 MUSIC 谱峰进行搜索，实现了目标仰角的精确估计。该方法测角性能与子阵数、SNR、目标的仰角、ρ 有一定的依赖关系。

通常情况下子阵数太少或太多对测角精度均不利，需要在解相干效能和阵列孔径两方面进行折中考虑；目标仰角越小，测角精度越差，这是由多径问题本身所决定的；本章研究算法的最大优点是：在理想镜面反射条件下算法依然有效，并且性能最好，这是与前面所有算法不同的地方。实测数据处理表明，该方法能在目标仰角小于1/4波束宽度时，有效解决多径条件下的低角跟踪问题。

参考文献

[1] Evans J E, Sun D F, Johnson J R. Application of advanced signal processing techniques to angle of arrival estimation in ATC navigation and surveillance systems. AD Report: A118306, 1982.

[2] Shan T, Wax M, Kailath T. On spatial smoothing for direction-of-arrival estimation of coherent signals. IEEE Transactions on ASSP, 1985, 33(4): 806-811.

[3] 王永良，陈辉，彭应宁，等. 空间谱估计理论与算法. 北京：清华大学出版社，2004.

[4] Thompson J S, Grant P M, Mulgrew B. Performance of spatial smoothing algorithms for correlated sources. IEEE Transactions on SP, 1996, 44(10): 1040-1046.

[5] Li J. Improved angular resolution for spatial smoothing techniques. IEEE Transactions on SP, 1992, 40(10): 3078-3081.

[6] Linebarger D A, Johnson D H. The effect of spatial averaging on spatial correlation matrices in the presence of coherent signals. IEEE Transactions on ASSP, 1990, 38(10): 880-884.

[7] Wu S L, Luo J Q. DOA estimation of correlative signals with spatial smoothing technique and modified MUSIC method. IEEE Transactions on ICSP, 2004: 1411-1414.

[8] Wang H, Liu K J R, Anderson H. Spatial smoothing for arrays with arbitrary geometry// Proceedings of the 1994 IEEE International Conference on Acoustics, Speech, and Signal Processing, 1994: 19-22.

[9] Wang H, Liu K J R. Two-dimensional spatial smoothing for multipath coherent signal identification and separation. AD Report, 1995: 1-30.

[10] Qi C, Wang Y, Zhang Y, et al. Spatial difference smoothing for DOA estimation of coherent signals. IEEE Signal Processing Letters, 2005, 12(11): 800-802.

[11] Chen J W, Xu D H, Liu B Q. Performance analysis of meter band radar height-finding approach for low-angle tracking. International Symposium on Intelligent Signal Processing and Communications, 2006: 657～660.

[12] Pillai S U, Kwon B H, Du W. Forward-backward spatial smoothing techniques for coherent signal identification. IEEE Transactions on ASSP, 1989, 37(1): 8-15.

[13] Williams R T, Prasad S, Mahalanabis A K, et al. An improved spatial smoothing technique for bearing estimation in a multipath environment. IEEE Transactions on ASSP, 1988, 36(4): 425-432.

[14] Moghaddamjoo A. Application of spatial filters to DOA estimation of coherent sources. IEEE Transactions on SP, 1991, 39(1): 221-224.

第九章　频率分集法

9.1 引　　言

从阵列信号处理角度看，低角跟踪可以归结为相干信号的DOA估计问题，前面研究了空间平滑法，本章将重点研究频率分集方法。

文献[1]最早针对偏轴单脉冲应用利用频率分集来解决低角跟踪问题，研究仅关注镜面反射机理，提出了基于三个频点实测结果加权平均的方法来降低多径误差，加权是基于角度而非频率，该方法比简单平均效果更好，并且还研究了最优频率间隔的问题。文献[2]提出了一种利用递归特征分解和频率捷变的低角跟踪方法。利用频率捷变可以除去直达信号和镜面反射信号的相干性，当信号间相位反相发生相干对消时也可以保持系统的稳健性。研究表明，即使直达与多径信号的角度间隔是波束宽度的1/10，本方法也可以取得较好的效果。此外，采用频率分集的研究机构有两家：加拿大渥太华国防研究院[3~9]和加拿大McMaster大学[10~18]，它们分别开发了实验系统，并开展了外场实验研究。

文献[3]和[13]在精确的多径模型基础上采用ML估计来改善低角跟踪中目标高度的估计性能。该方法精度较高，然而该方法带来了高度模糊问题。采用频率分集是最好的解决高度模糊的方法，主要是基于这样的事实：干涉仪方向图随雷达工作频率的改变而发生变化，对应真实目标高度的峰值点不随频率变化或变化最小，而虚假目标的峰值随频率的变化而变化。然而频率分集技术本身又将带来另一类模糊问题，即在两频点上峰值重合的问题。在此基础上又采用频率捷变方法进行改进。并且正确选择雷达工作频点和带宽可以进一步改善系统性能，随捷变带宽和频点的增加，性能改善越明显。

文献[4]和[6]在多频分集体制下，比较了MUSIC算法和ML算法的性能，研究表明：在高SNR条件下两者性能接近，但是在低SNR和快拍数较少的条件下ML算法要优于MUSIC算法。虽然典型的RMUSIC谱在解决高度模糊问题上展现较好性能，但是在Monte Carlo仿真中并没有体现出超越的性能。相反，RML算法在多方面表现优于RMUSIC算法，比如需要的快拍数少，速度快，并且相干积累可以进一步抑制杂波。

文献[7]和[8]比较了非相干多径条件下AOA模型、RML模型、QRML模型的性能，它相当于在RML模型的基础上增加了正交项，对应于镜面反射方向附近的漫反射。对于漫反射和非相干多径,QRML 比 RML 模型更精确地描述了物理现象,然而仿真结果表明:RML 产生较小的误差,即使在非相干散射条件下。这主要归功于以下方面:第一,RML 利用了由雷达及其镜像构成的干涉仪的分辨特质,分辨力比 QRML 更高;第二,应用 RML 产生的模型误差,导致有偏的估计,可以证明这些偏差实际上比 QRML 的方差更小;第三,RML 估计器对系统幅度、相位校准误差比 QRML 估计器更加不敏感。

文献[5]考虑了目标起伏因素对低角跟踪的影响,假定目标 RCS 服从 Swerling 起伏,利用 ML 估计准则推导得到新的估计器。在 Swering Ⅰ和Ⅱ型起伏条件下得到的高度谱与不起伏条件下的完全相同,在 Swerling Ⅲ和Ⅳ条件下,高度谱曲线比较复杂。总体而言,目标 RCS 起伏增加了高度估计误差。

文献[17]报道了 McMaster 大学通信研究实验室研制的 MARS 及相关的研究情况,该系统也称为 SAMPAR。频率捷变可以增强跟踪雷达的性能。本质上该方法与加拿大渥太华国防研究院采用的方法相同,由于多频技术抑制了目标虚假谱峰,高度模糊问题得以解决。该方法的基础是镜面反射,当海情升高时,漫反射能量大于镜面反射能量,该方法性能恶化。当擦地角很小时,即使海情很高,相对波长的粗糙度仍然很小,漫反射能量很小,因此低角测高效果仍然很好。该系统具有宽带频率捷变能力,并且应用了精确的多径机理模型,多信号分辨能力超过了任何公开的报道。

最近,文献[19]针对大型阵列雷达提出了基于 ML 估计的高度估计算法,采用频率捷变和子阵划分避免了多径衰落。从降低接收系统硬件规模的角度出发,将该阵在射频阶段划分为若干子阵,对子阵的输出进行放大、混频和数字化。文献[20]在传统的相位比较单脉冲的基础上提出了间隔搜索算法,并且基于聚类理论研究了最优频率选择问题。文献[21]研究了多频阵列相关问题,进而对目标精确定位。

本章针对舰载 X 波段阵列雷达研究低角跟踪问题。首先分析了频率分集去相干的基本原理,给出了相关系数与带宽或相对带宽的关系。其次针对宽带多频体制建立了多径条件下阵列接收信号模型。然后分复反射系数 ρ 已知和未知两种情况推导了多频极大似然仰角谱,并分析了两者的关系,揭示了多频体制的性能优势,分析了系统带宽、频率间隔以及天线高度对仰角谱的影响。最后通过仿真研究了 SNR、目标仰角对仰角谱估计精度的影响。

9.2　去相干原理

对于具有足够工作带宽并且采用多频点工作的阵列雷达系统,目标直达回波与多径回波幅度和相位差在各频点间独立。对于给定频点,直达信号和多径信号之间的相干或相关依赖于两信号间的相位差 α,阵列相位中心处直达信号$A_d(t)$与多径反射信号 $A_i(t)$之间归一化相关系数为

$$\gamma=\sqrt{\frac{E\left[A_d(t)A_i^*(t)\right]^2}{E\left[|A_d(t)|^2\right]E\left[|A_i(t)|^2\right]}}=|E[e^{j\alpha}]| \tag{9.1}$$

其中,

$$\alpha=\frac{2\pi\delta}{\lambda}+\phi \tag{9.2}$$

相位差 α 包括路程差 δ 引起的相位差和 ρ 相位 ϕ,路程差与天线高度以及目标仰角有关。若相邻脉冲间上述参数发生变化,去相关就发生了,频率分集可以引起上述相位的抖动。路程差导致的相位差与工作频率密切相关,而在一定带宽内 ρ 相位与工作频率近似无关,因此重点考虑由路程差引入的相位差变化。

雷达工作中心频率为 f_0,工作带宽为 ΔF,相对带宽为 $L=\frac{\Delta F}{f_0}$,瞬时工作频率为 $f=f_0+\Delta f$,显然 $-\frac{\Delta F}{2}\leqslant\Delta f\leqslant\frac{\Delta F}{2}$,直达信号与多径信号之间相位差可表示为

$$\alpha=\frac{2\pi\delta}{\lambda_0}\cdot\frac{f}{f_0}+\phi=\frac{2\pi\delta}{\lambda_0}+\phi+\frac{2\pi\delta}{\lambda_0}\beta \tag{9.3}$$

其中,$\beta=\frac{\Delta f}{f_0}$,$-\frac{L}{2}\leqslant\beta\leqslant\frac{L}{2}$,假设各个频点均匀分布在工作带宽之内,因此

$$E[e^{j\alpha}]=e^{j\left(\frac{2\pi\delta}{\lambda_0}+\phi\right)}\cdot\frac{1}{L}\int_{-L/2}^{L/2}e^{j\frac{2\pi\delta}{\lambda_0}\beta}d\beta=e^{j\left(\frac{2\pi\delta}{\lambda_0}+\phi\right)}sa\left(\frac{\pi\delta}{\lambda_0}L\right) \tag{9.4}$$

因此

$$\gamma=|E[e^{j\alpha}]|=\left|sa\left(\frac{\pi\delta}{\lambda_0}L\right)\right|=\left|sa\left(\frac{\pi\delta}{c}\Delta F\right)\right| \tag{9.5}$$

可以看出,在给定几何场景条件下,随着相对带宽或者绝对带宽的增加,时域相关系数减小,去相关效果增强。要想完全去相关,即 $\gamma=0$,必须满足

$$\frac{\pi\delta}{\lambda_0}L=\frac{\pi\delta}{c}\Delta F=\pi \tag{9.6}$$

此时,去相关带宽为直达和多径信号时间差的倒数,即

$$\Delta F=\frac{c}{\delta} \tag{9.7}$$

去相关相对带宽为雷达工作波长与路程差之比,即

$$L=\frac{\lambda_0}{\delta} \tag{9.8}$$

图 9.1 给出相关系数与带宽的关系曲线,当路程差为 1m 时,去相关带宽为 0.3GHz,路程差为 0.5m 时,去相关带宽为 0.6GHz。可以看出,路程差越大,去

相关带宽越小，越有利于去相关。由于路程差与阵列天线高度成正比，因此阵列天线越高，越有利于去相关。

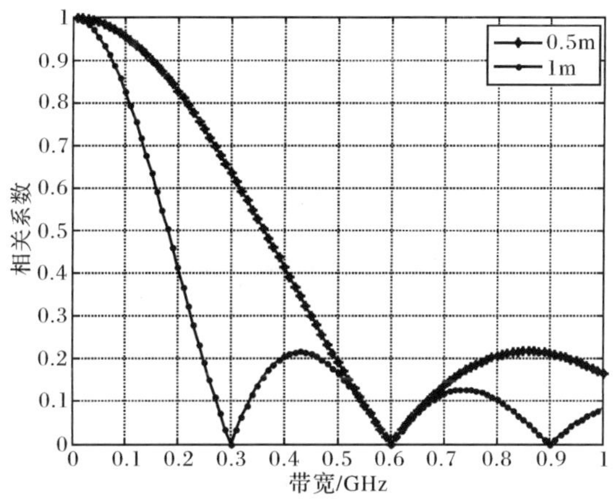

图 9.1　相关系数与绝对带宽的关系

图 9.2 给出了路程差为 1m 时，相关系数与相对带宽的关系曲线，在 X 波段（中心频率 10GHz）去相关相对带宽为 3%，而在 S 波段（中心频率 3GHz）去相关相对带宽为 10%，可以看出雷达频段越高，越利于去相关的实现。

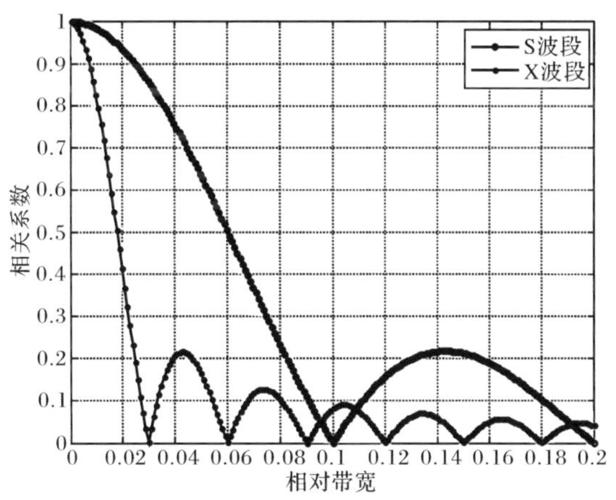

图 9.2　相关系数与相对带宽的关系

综上所述，对于频率分集雷达系统，天线越高、频段越高，越有利于多径条件下时域去相干的实现，这就是本方法特别适用于 X 波段雷达的原因之一。

9.3　多频多径阵列信号模型

9.3.1　ρ 模型

对于平静海面，在平均盐度和温度条件下，各个频段的 ρ 均可以解析计算出来，并且与实际测量吻合得较好。X 波段(10GHz)ρ 曲线如图 9.3 所示[22]。

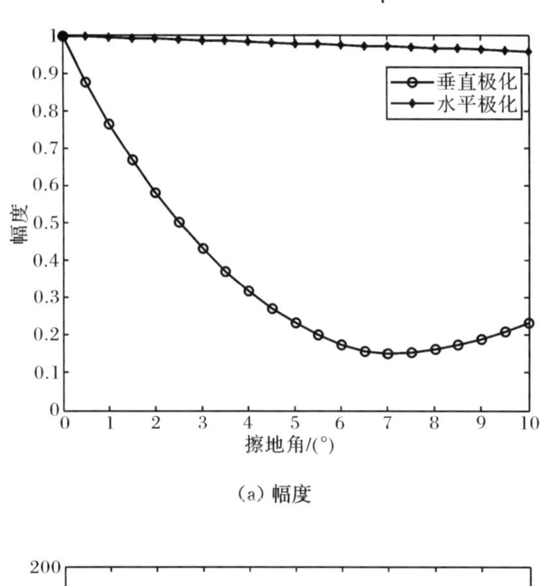

(a) 幅度

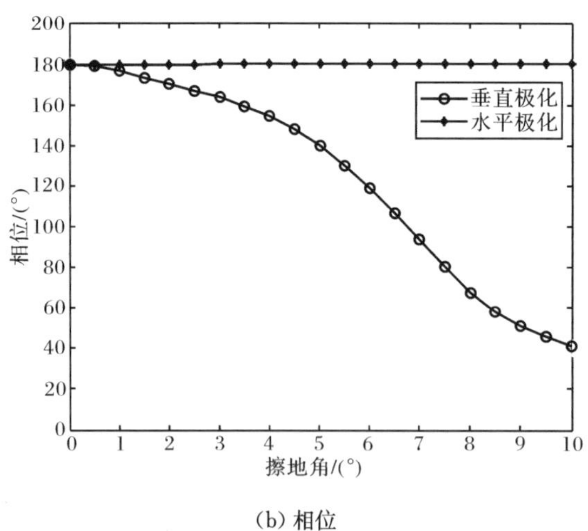

(b) 相位

图 9.3　X 波段 ρ 与擦地角的关系曲线

水平极化条件下，ρ 幅度和相位与擦地角近似呈线性关系，在[0°，10°]范围之内可表示为 $|\rho_{\mathrm{H}}|=1-0.00412\psi$，$\phi_{\mathrm{H}}=180+4/90\psi$，由于线性斜率很小，因此在实际应用中可以认为 ρ 与擦地角近似无关，即幅度近似为1，相位近似为180°。

垂直极化条件下，ρ 与擦地角有密切关系。随着擦地角的增大，ρ 相位从180°开始单调下降；ρ 幅度从1开始先下降，然后略微上升，在7°时达到最小值，该角度即为布儒斯特角。

严格地讲，ρ 与雷达工作频率有关，但是由于X波段相对带宽较小，为研究方便，假定在整个工作带宽内 ρ 与频率近似无关，即工作带宽内其他频点对应的 ρ 均用中心频率对应的 ρ 来近似。

9.3.2　多频阵列信号模型

假定镜面反射机理占优势，漫反射分量可以忽略，阵列接收的信号为直达信号与镜面多径信号的叠加。考虑常规的对称多径情形，直达信号和镜面反射信号的入射角关于阵列法向对称，并均等于擦地角。设该阵列雷达系统具有 K 个工作频点，对于第 k 个工作频点，多径条件下阵列接收信号模型可以表示为

$$\boldsymbol{x}_k=A_{\mathrm{d},k}\cdot\boldsymbol{s}_k(\theta)+A_{\mathrm{i},k}\cdot\boldsymbol{s}_k(-\theta)+\boldsymbol{n}_k,\quad k=1,2,\cdots,K \tag{9.9}$$

其中，$A_{\mathrm{d},k}$，$A_{\mathrm{i},k}$ 分别表示直达和镜面反射信号的复幅度，根据 ρ 的定义，$A_{\mathrm{i},k}=\rho(\theta)A_{\mathrm{d},k}$，$\boldsymbol{s}_k(\theta)$ 为第 k 个频点对应的阵列导向矢量。假定阵列噪声为零均值独立同分布正态白噪声，即 $E[\boldsymbol{n}_k]=\mathbf{0}_{N\times1}$，$E[\boldsymbol{n}_k\boldsymbol{n}_k^{\mathrm{H}}]=\sigma_k^2\boldsymbol{I}_N$，并且不同频率间噪声矢量独立。

若 ρ 信息精确已知，则多频多径阵列接收信号模型可重写为

$$\boldsymbol{x}_k=A_{\mathrm{d},k}\cdot\boldsymbol{b}_k(\theta)+\boldsymbol{n}_k \tag{9.10}$$

其中，$\boldsymbol{b}_k(\theta)=\boldsymbol{s}_k(\theta)+\rho(\theta)\boldsymbol{s}_k(-\theta)$ 为多径条件下阵列复合导向矢量。在该模型中未知参量有 $A_{\mathrm{d},k}$ 和 θ，在以下推导中 $A_{\mathrm{d},k}$ 用 A_k 表示。

若 ρ 信息完全未知，则接收模型可重写为

$$\boldsymbol{x}_k=\boldsymbol{A}_k(\theta)\cdot\boldsymbol{a}_k+\boldsymbol{n}_k \tag{9.11}$$

其中，$\boldsymbol{A}_k(\theta)=[\boldsymbol{s}_k(\theta)\quad\boldsymbol{s}_k(-\theta)]$ 为多径条件下信号矩阵；$\boldsymbol{a}_k=[A_{\mathrm{d},k},A_{\mathrm{i},k}]^{\mathrm{T}}$。在该模型中未知参量有 $\boldsymbol{a}_k$ 和 θ。

9.4　MFML 谱估计

本节将从ML估计原理出发，利用多频点阵列快拍数据，根据 ρ 已知和未知两种情况推导多频极大似然(multiple frequency maximal likelihood，MFML)仰角谱，分别称为MFML-Ⅰ型和MFML-Ⅱ型仰角谱，并且对两者之间的关系进行研究。

9.4.1 MFML-Ⅰ型仰角谱函数

当ρ精确已知时，在各个频点噪声矢量独立的假设条件下，阵列接收数据矩阵$\boldsymbol{X}=[\boldsymbol{x}_1,\boldsymbol{x}_2,\cdots,\boldsymbol{x}_K]$的概率密度为

$$p(\boldsymbol{X}|\theta)=\prod_{k=1}^{K}p(\boldsymbol{x}_k|\theta)=\prod_{k=1}^{K}\frac{1}{\pi^N(\sigma_k^2)^N}\exp\left\{-\frac{\|\boldsymbol{x}_k-A_k\cdot\boldsymbol{b}_k(\theta)\|^2}{\sigma_k^2}\right\} \tag{9.12}$$

取对数得到似然函数

$$L=\ln[p(\boldsymbol{X}|\theta)]=\sum_{k=1}^{K}\left[-N\ln\pi-N\ln(\sigma_k^2)-\frac{\|\boldsymbol{x}_k-A_k\cdot\boldsymbol{b}_k(\theta)\|^2}{\sigma_k^2}\right] \tag{9.13}$$

根据ML估计原理，未知参数A_k和θ的ML估计为

$$\hat{A}_k,\hat{\theta}=\arg\min_{A_k,\theta}\sum_{k=1}^{K}\frac{\|\boldsymbol{x}_k-A_k\cdot\boldsymbol{b}_k(\theta)\|^2}{\sigma_k^2} \tag{9.14}$$

固定θ，代价函数对于A_k求共轭偏导，并令之为零得到

$$\hat{A}_k=\frac{\boldsymbol{b}_k^{\mathrm{H}}(\theta)\boldsymbol{x}_k}{\|\boldsymbol{b}_k(\theta)\|^2} \tag{9.15}$$

将其代入式(9.14)，消除未知参数A_k的影响，得到θ的ML估计

$$\hat{\theta}=\arg\min_{\theta}\sum_{k=1}^{K}\frac{1}{\sigma_k^2}\left\|\boldsymbol{x}_k-\frac{\boldsymbol{b}_k^{\mathrm{H}}(\theta)\boldsymbol{b}_k(\theta)}{\|\boldsymbol{b}_k(\theta)\|^2}\cdot\boldsymbol{x}_k\right\|^2=\sum_{k=1}^{K}\frac{\|\boldsymbol{P}_{\boldsymbol{b}_k}^{\perp}\boldsymbol{x}_k\|^2}{\sigma_k^2} \tag{9.16}$$

其中，$\boldsymbol{P}_{\boldsymbol{b}_k}^{\perp}=\boldsymbol{I}_N-\frac{\boldsymbol{b}_k^{\mathrm{H}}(\theta)\boldsymbol{b}_k(\theta)}{\|\boldsymbol{b}_k(\theta)\|^2}$为到矢量$\boldsymbol{b}_k$所张成一维子空间正交补空间上的投影矩阵。利用正交投影的性质可知，$0\leqslant\|\boldsymbol{P}_{\boldsymbol{b}_k}^{\perp}\boldsymbol{x}_k\|^2\leqslant\|\boldsymbol{x}_k\|^2$，因此式(9.16)也等价于

$$\hat{\theta}=\arg\max_{\theta}f_{\mathrm{MFML\text{-}I}}(\theta)=\frac{\sum_{k=1}^{K}\frac{\|\boldsymbol{x}_k\|^2}{\sigma_k^2}}{\sum_{k=1}^{K}\frac{\|\boldsymbol{P}_{\boldsymbol{b}_k}^{\perp}\boldsymbol{x}_k\|^2}{\sigma_k^2}} \tag{9.17}$$

函数$f_{\mathrm{MFML\text{-}I}}(\theta)$称为MFML-Ⅰ型仰角谱函数，对仰角进行搜索，峰值位置即对应目标仰角。

9.4.2 MFML-Ⅱ型仰角谱函数

当ρ完全未知时，在各个频点噪声矢量独立的假设条件下，阵列接收数据矩阵$\boldsymbol{X}=[\boldsymbol{x}_1,\boldsymbol{x}_2,\cdots,\boldsymbol{x}_K]$的概率密度为

$$p(\boldsymbol{X}|\theta)=\prod_{k=1}^{K}p(\boldsymbol{x}_k|\theta)=\prod_{k=1}^{K}\frac{1}{\pi^N(\sigma_k^2)^N}\exp\left\{-\frac{\|\boldsymbol{x}_k-\boldsymbol{A}_k(\theta)\cdot\boldsymbol{a}_k\|^2}{\sigma_k^2}\right\} \tag{9.18}$$

取对数得到似然函数

$$L=\ln[p(\boldsymbol{X}|\theta)]=\sum_{k=1}^{K}\left[-N\ln\pi-N\ln(\sigma_k^2)-\frac{\|\boldsymbol{x}_k-\boldsymbol{A}_k(\theta)\cdot\boldsymbol{a}_k\|^2}{\sigma_k^2}\right] \tag{9.19}$$

根据 ML 估计原理，未知参数$\boldsymbol{a}_k$ 和θ 的 ML 估计为

$$\hat{\boldsymbol{a}}_k,\hat{\theta}=\arg\min_{\boldsymbol{a}_k,\theta}\sum_{k=1}^{K}\frac{\|\boldsymbol{x}_k-\boldsymbol{A}_k(\theta)\cdot\boldsymbol{a}_k\|^2}{\sigma_k^2} \tag{9.20}$$

固定θ，代价函数对于$\boldsymbol{a}_k$ 求共轭偏导，并令之为零矢量，得到$\boldsymbol{a}_k$ 的 ML 估计为

$$\hat{\boldsymbol{a}}_k=[\boldsymbol{A}_k^{\mathrm{H}}(\theta)\boldsymbol{A}_k(\theta)]^{-1}\boldsymbol{A}^{\mathrm{H}}(\theta)\boldsymbol{x}_k \tag{9.21}$$

将其代入式(9.20)，消除未知参数$\boldsymbol{a}_k$ 的影响，得到θ 的 ML 估计

$$\begin{aligned}\hat{\theta}&=\arg\min_{\theta}\sum_{k=1}^{K}\frac{\|\boldsymbol{x}_k-\boldsymbol{A}_k(\theta)[\boldsymbol{A}_k^{\mathrm{H}}(\theta)\boldsymbol{A}_k(\theta)]^{-1}\boldsymbol{A}_k^{\mathrm{H}}(\theta)\boldsymbol{x}_k\|^2}{\sigma_k^2}\\&=\sum_{k=1}^{K}\frac{\|\boldsymbol{P}_{\boldsymbol{A}_k^{\perp}}\boldsymbol{x}_k\|^2}{\sigma_k^2}\end{aligned} \tag{9.22}$$

其中，$\boldsymbol{P}_{\boldsymbol{A}_k^{\perp}}=\boldsymbol{I}_N-\boldsymbol{A}_k(\theta)[\boldsymbol{A}_k^{\mathrm{H}}(\theta)\boldsymbol{A}_k(\theta)]^{-1}\boldsymbol{A}_k^{\mathrm{H}}(\theta)$为到矩阵$\boldsymbol{A}_k(\theta)$张成二维子空间的正交补空间上的投影矩阵。利用正交投影的性质可知$0\leqslant\|\boldsymbol{P}_{\boldsymbol{A}_k^{\perp}}\boldsymbol{x}_k\|^2\leqslant\|\boldsymbol{x}_k\|^2$，因此式(9.22)也等价于

$$\hat{\theta}=\arg\max_{\theta}f_{\mathrm{MFML\text{-}II}}(\theta)=\frac{\displaystyle\sum_{k=1}^{K}\frac{\|\boldsymbol{x}_k\|^2}{\sigma_k^2}}{\displaystyle\sum_{k=1}^{K}\frac{\|\boldsymbol{P}_{\boldsymbol{A}_k^{\perp}}\boldsymbol{x}_k\|^2}{\sigma_k^2}} \tag{9.23}$$

函数$f_{\mathrm{MFML\text{-}II}}(\theta)$称为 MFML-Ⅱ型仰角谱函数，对仰角进行搜索，峰值位置即对应目标仰角。

从式(9.17)和式(9.23)可以看出，多频条件下 ML 谱函数相当于单频点极大似然谱函数的加权平均，权系数为各个频点热噪声方差的倒数。

9.4.3　两型仰角谱函数之间的关系

为了对比 MFML-Ⅰ和 MFML-Ⅱ型仰角谱的特点，图 9.4 给出了相同条件下两者之间的效果对比图，图 9.4(a)中目标仰角为 1°，SNR＝10dB，图 9.4(b)中目标仰角为 0.2°，SNR＝20dB。

可以看出，MFML-Ⅰ型仰角谱呈现多峰值结构，谱峰尖锐，预示着仰角估计精度很高。多峰值预示着存在仰角模糊的可能性；MFML-Ⅱ型仰角谱函数可以看作 MFML-Ⅰ型仰角谱函数的包络，其具有单峰结构，但是谱峰很宽，虽然不存在仰角模糊，但是仰角估计精度很差。

如图 9.4(b)所示，当目标仰角很低时，MFML-Ⅰ型仰角谱函数还是可以估计

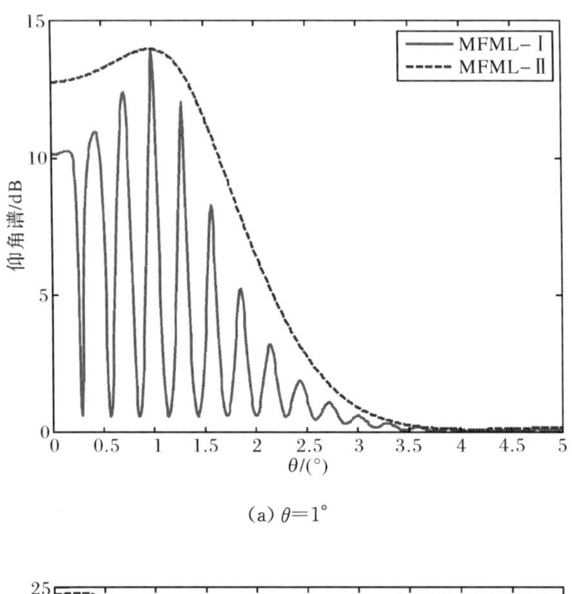

(a) $\theta=1°$

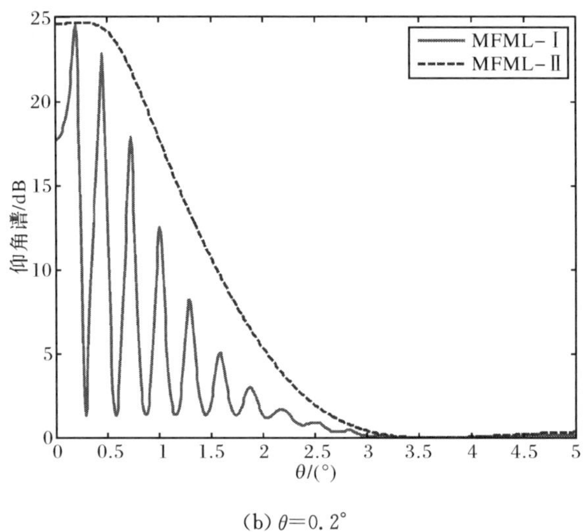

(b) $\theta=0.2°$

图 9.4　MFML-Ⅰ、MFML-Ⅱ型仰角谱曲线

出目标的高度，而 MFML-Ⅱ 型仰角谱已经没有谱峰了。说明相同条件下 MFML-Ⅰ型仰角谱函数最小可测量的目标仰角更小，更加适用于低角跟踪问题。

究其原因，MFML-Ⅰ型仰角谱函数充分利用了 ρ 信息，与 MFML-Ⅱ型仰角谱函数相比，模型中未知参数数量减少了一半。考虑到 X 波段海水 ρ 可以精确已知，并且提高仰角测量精度是永恒追求的研究目标，因此，接下来本章重点研究 MFML-Ⅰ型仰角谱估计，下文中 MFML 仰角谱默认为Ⅰ型。

9.4.4　多频抑制仰角模糊机理

若频点数为 1,则 MFML 仰角谱退化为单频极大似然(single frequency maximal likelihood,SFML)仰角谱,对于频点 k,仰角谱函数为

$$f_{\mathrm{SFML},k}(\theta)=\frac{\|\boldsymbol{x}_k\|^2}{\|\boldsymbol{P}_{\boldsymbol{b}_k^{\perp}}\boldsymbol{x}_k\|^2} \tag{9.24}$$

为了验证 MFML 抑制仰角模糊的机理,给出典型条件下 MFML 仰角谱与 SFML 仰角谱的对比,目标仰角为 1°。图 9.5(a)、(b)、(c)分别为频点 9.6GHz、10.0GHz和 10.4GHz 的 SFML 仰角谱,图 9.5(d)给出了三个频点共同工作时的 MFML 仰角谱。

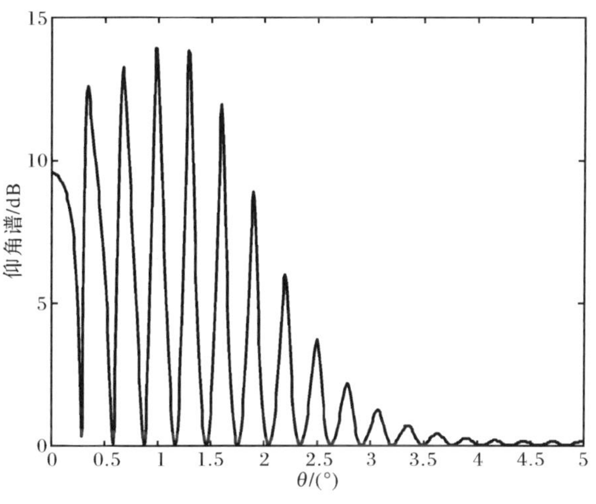

(a) $f_0=9.6\text{GHz}$

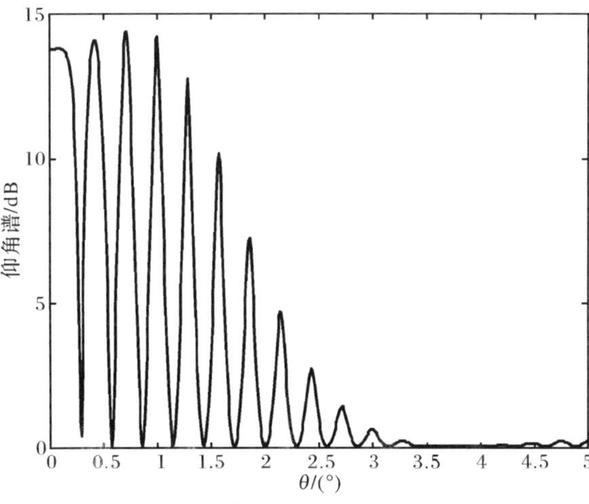

(b) $f_0=10.0\text{GHz}$

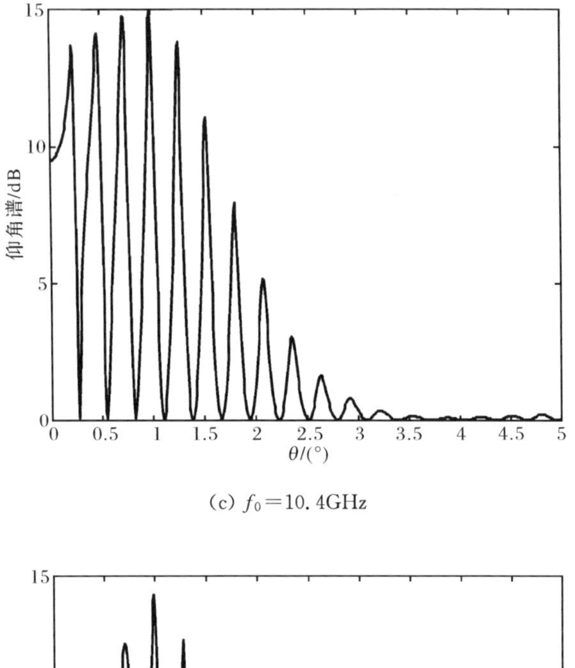

(c) f_0=10.4GHz

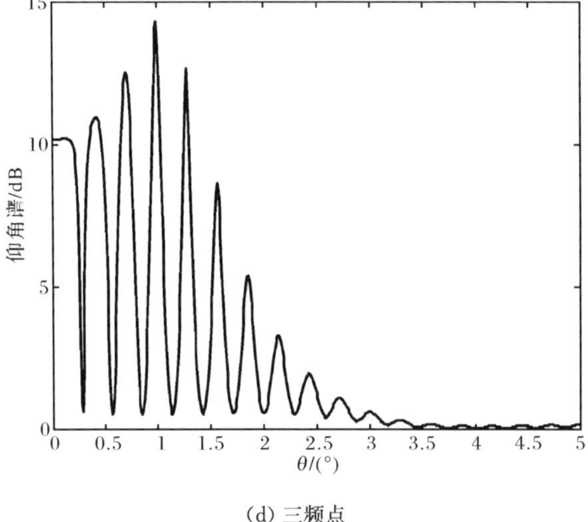

(d) 三频点

图 9.5 SFML 仰角谱与 MFML 仰角谱对比

可以看出,无论是 SFML 仰角谱还是 MFML 仰角谱均呈现“多峰值”结构,除了在真实目标位置出现谱峰外,在其他位置出现“虚假”谱峰,或者栅瓣。在 SFML 仰角谱中,主瓣和栅瓣电平相差不大,甚至栅瓣峰值还略大于主瓣峰值,因此利用单频 ML 估计很容易出现仰角模糊现象。实际上,“虚假”谱峰的位置随着频率的变化而变化,而真实谱峰不随频率而变化。MFML 仰角谱综合利用多频点信息,抑制了虚假谱峰的电平,相对而言真实谱峰得到加强,因此多频应用有效抑制了目标仰角模糊程度。

9.4.5 栅瓣间隔

在 MFML 仰角谱中，主瓣峰值位置 θ_0 对应真实目标仰角，相邻右、左的谱峰分别定义为第±1 栅瓣、第±2 栅瓣，…。各个峰值的位置分别为$\{\cdots,\theta_{-2},\theta_{-1},\theta_0,\theta_1,\theta_2,\cdots\}$。仰角谱多峰值结构主要是由雷达天线与其镜像构成的虚拟二元阵（或干涉仪）的阵因子造成的，栅瓣间隔与虚拟二元阵的有效孔径有关。

假定 $\rho=-1$，天线高度为 H_A，则雷达天线与镜像构成的二元阵的阵因子为

$$G(\theta)=\left|e^{j\frac{2\pi}{\lambda}H_A\sin\theta}-e^{-j\frac{2\pi}{\lambda}H_A\sin\theta}\right|^2=4\left|\sin\left(\frac{2\pi}{\lambda}H_A\sin\theta\right)\right|^2 \tag{9.25}$$

根据三角函数的周期性，第 1 栅瓣与主瓣的间隔满足

$$\frac{2\pi}{\lambda}H_A(\sin\theta_1-\sin\theta_0)=\pi \tag{9.26}$$

利用泰勒展开公式

$$\sin\theta_1\approx\sin\theta_0+\cos\theta_0(\theta_1-\theta_0)=\sin\theta_0+\cos\theta_0\cdot\Delta\theta \tag{9.27}$$

将式(9.27)代入式(9.26)可得

$$\Delta\theta=\frac{\lambda}{2H_A\cos\theta_0} \tag{9.28}$$

因此，MFML 谱中栅瓣间隔与虚拟二元阵有效孔径成反比，与波长成正比。

图 9.6 给出了天线高度不同时的仰角谱，从图中可以粗略看出天线高度降低一半，栅瓣间隔增加一倍。

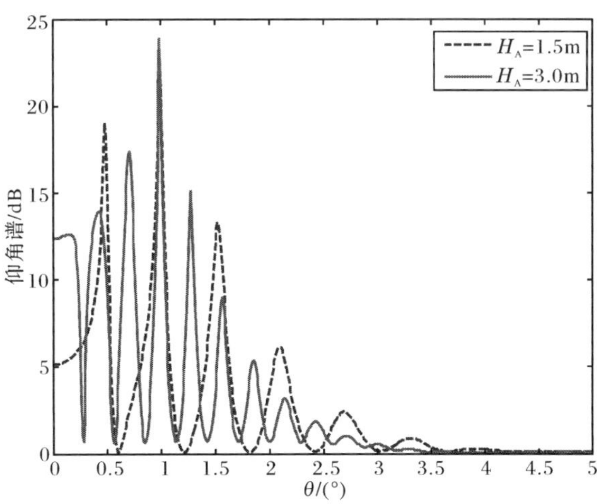

图 9.6 不同天线高度仰角谱对比

当 $H_A=3$m 时，谱峰位置分别为0.42°，0.71°，1.0°，1.28°，1.57°，1.86°，平均

间隔为0.288°；当 $H_A=1.5$m 时，谱峰位置分别为0.49°，1.0°，1.53°，平均间隔为0.52°。根据式(9.28)计算得到间隔分别为0.2865°和0.573°，因此与理论分析是比较吻合的。

9.4.6 频点数与系统带宽

本节重点考察系统带宽和频点数对 MFML 仰角谱的影响。图 9.7(a)～(d)分别给出了频点数分别取 2、3、5 和 9 条件下的仰角谱曲线，参数设置如下：系统带宽为 0.8GHz，SNR＝10dB，目标仰角为 1°，对应的频率间隔分别为 0.8GHz、0.4GHz、0.2GHz 和 0.1GHz。

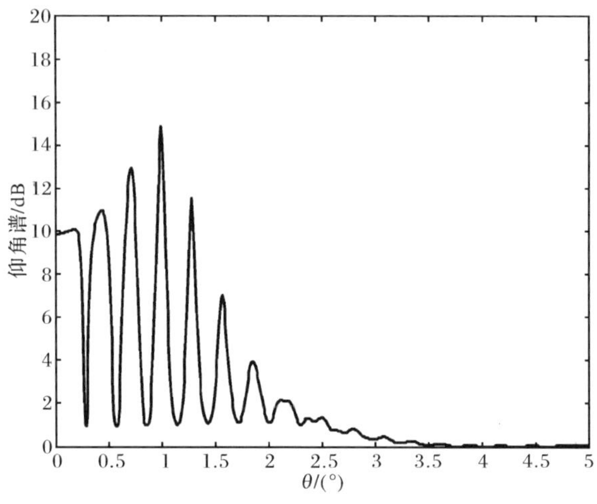

(a) $\Delta_f=0.8$GHz

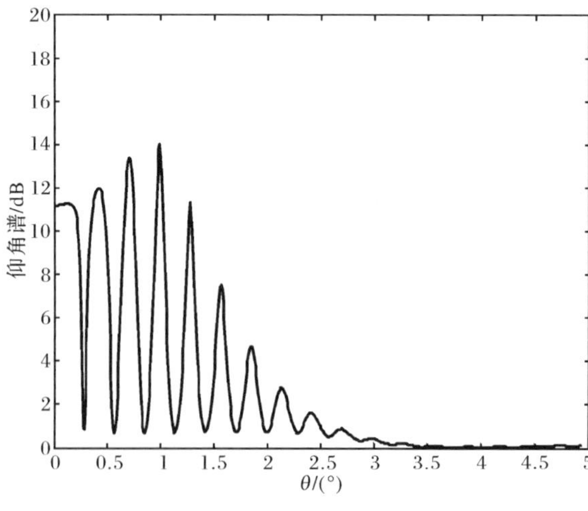

(b) $\Delta_f=0.4$GHz

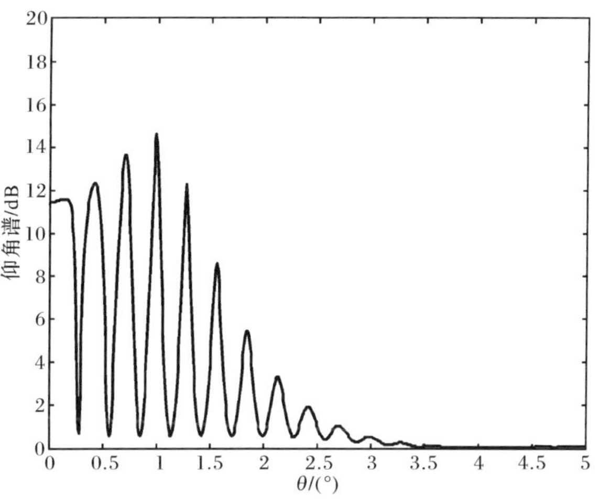

(c) $\Delta_f=0.2$GHz

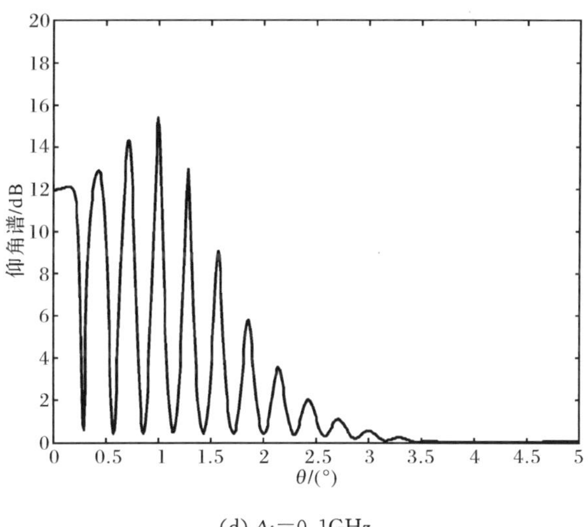

(d) $\Delta_f=0.1$GHz

图 9.7　不同频率间隔条件下 MFML 仰角谱

可以看出,在系统带宽固定的条件下,频点数的增加(或者频率间隔的减小)对仰角谱影响不大,因此兼顾到计算量的问题,通常取 $K=3$ 即可。

图 9.8(a)～(d)分别给出了系统带宽分别取 0.2GHz、0.4GHz、0.6GHz 和 0.8GHz 条件下的仰角谱曲线,参数设置为:频点数 $K=3$,SNR=10dB,目标仰角为 1°。

可以看出，随着系统带宽的增加，MFML 仰角谱中虚假峰的相对电平下降，降低了虚假峰对主瓣峰值仰角估计的干扰，仰角谱模糊程度下降。因此系统带宽的增加有利于目标仰角测量。

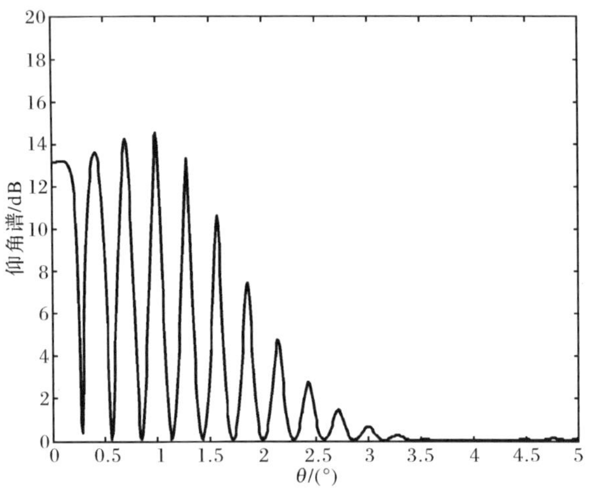

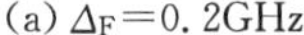
(a) $\Delta_F=0.2$GHz

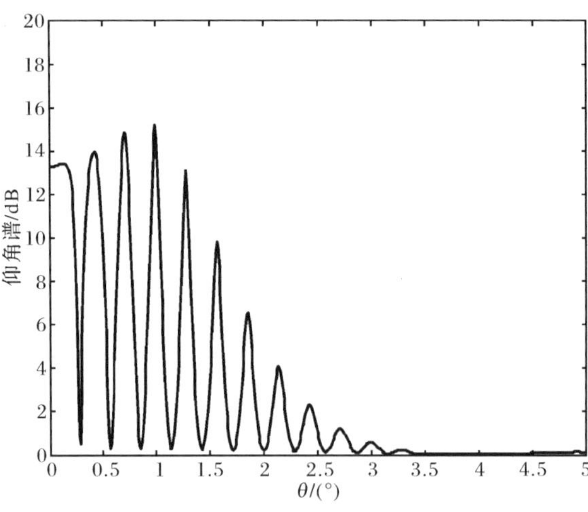

(b) $\Delta_F=0.4$GHz

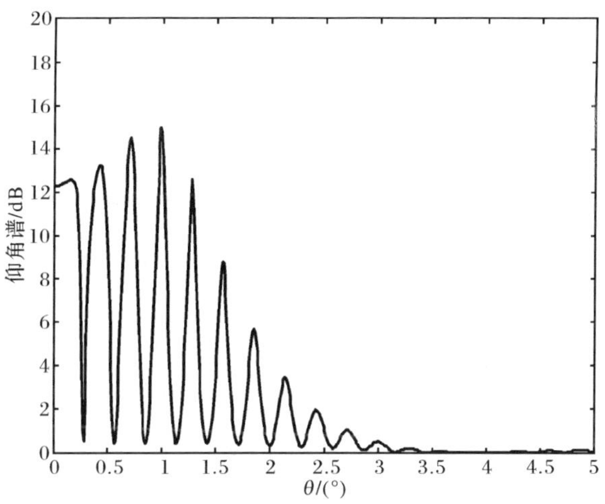

(c) $\Delta_F=0.6$GHz

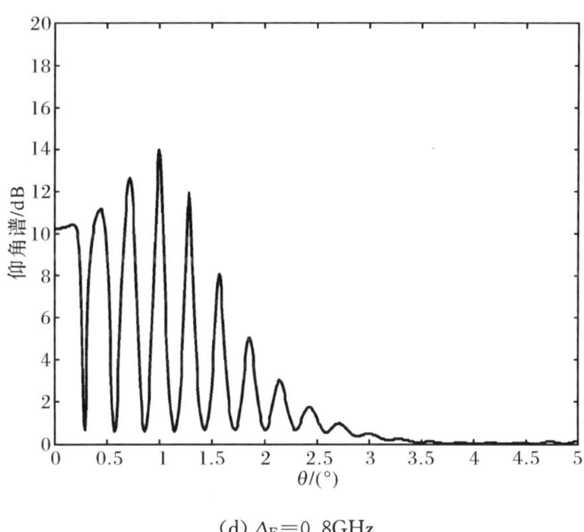

(d) $\Delta_F=0.8$GHz

图 9.8　不同带宽条件下的 MFML 仰角谱

9.5　性能分析

考虑垂直均匀半波长线阵对海平面上方低仰角目标的跟踪问题。基本参数设置如下：阵元数 $N=32$，则阵列波束宽度为 $\theta_{3dB}=0.886\dfrac{\lambda}{Nd}=3.2°$；雷达系统中

心频率 $f_0=10\text{GHz}$；阵列天线相位中心高度为 $H_\text{A}=3\text{m}$，相当于 100 倍波长；极化方式为水平，ρ 规律如图 9.1 所示；系统带宽 $\Delta F=0.8\text{GHz}$；频点数 $K=3$，频点均匀分布在工作带宽之内。假设系统在各个频点的噪声方差相同，即 $\sigma_k^2=\sigma^2(k=1,2,\cdots,K)$。

在频率分集体制下，系统综合 SNR 定义为多频点上直达信号的平均功率与阵元噪声方差之比，即

$$\text{SNR}=\frac{1}{K}\sum_{k=1}^{K}\frac{|A_{\text{d},k}|^2}{\sigma^2} \tag{9.29}$$

也可以看作多个频点上 SNR 的平均。

下面通过 Monte Carlo 仿真研究 SNR 和目标仰角 θ_T 对 MFML 测角性能的影响，仿真次数为 1000。在研究某一因素时，固定其他因素为典型值。

9.5.1 测角性能的度量

MFML 仰角谱呈现"多峰值"结构，预示着存在仰角模糊的可能性；谱峰尖锐，预示着仰角估计精度很高。由于阵列噪声的影响，测角误差主要表现在两个方面：第一，最大峰值选择错误，若某一栅瓣峰值全局最大，则造成仰角模糊；第二，主瓣峰值全局最大，但主瓣峰值偏离真实目标位置，由于主瓣非常尖锐，测角误差通常很小，可以忽略。本章重点考虑仰角模糊造成的测角误差。

设主瓣和栅瓣的位置分别为 $\{\cdots,\theta_{-2},\theta_{-1},\theta_0,\theta_1,\theta_2,\cdots\}$，由于测量噪声的扰动，各个栅瓣均有可能达到全局最大。设各个栅瓣达到全局最大的概率分别为 $\{\cdots,P_{-2},P_{-1},P_0,P_1,P_2,\cdots\}$，显然 $\sum_i P_i=1$，通常期望主瓣峰值全局最大的概率 P_0 最大，P_0 也称为峰值正确选择概率，反映了仰角测量性能。本章用 P_0 来度量 MFML 仰角估计的性能。根据概率分布列，可以求得测角误差的均值和均方误差分别为

$$\sum_i(\theta_i-\theta_0)P_i=\sum_i|i|\Delta\theta\cdot P_i \tag{9.30}$$

$$\sum_i(\theta_i-\theta_0)^2P_i=\sum_i i^2(\Delta\theta)^2\cdot P_i \tag{9.31}$$

显然 P_0 越大，误差的均值和均方误差越小，测量性能越好。实际上，采用正确概率 P_0 和传统的 RMSE 描述测量误差是等价的。

图 9.9 给出了某典型条件下 1000 次 Monte Carlo 仿真的测量结果，SNR=10dB，$\theta_\text{T}=1°$。测量值集中在0.72°，1°，1.29°附近，图 9.10 给出了测量结果的统计直方图，测量值的概率分布列为 0.082，0.882，0.036，根据式(9.30)、式(9.31)可以得到测角误差均值为−0.0125°，均方根误差为 0.0972°。

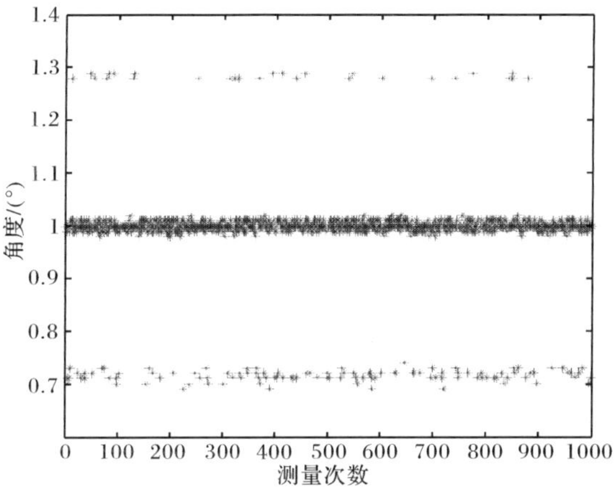

图 9.9　Monte Carlo 仿真的测量结果

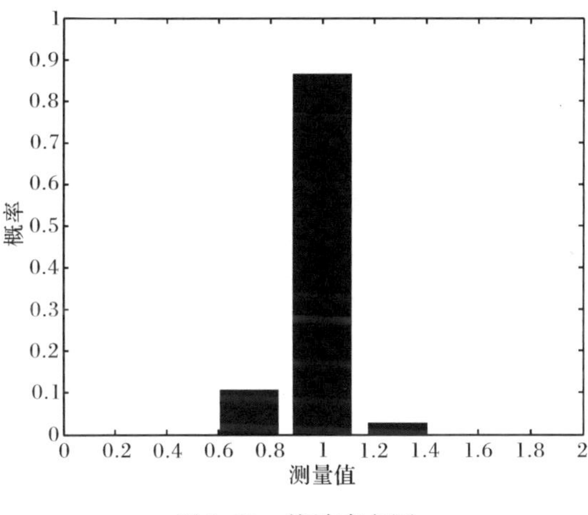

图 9.10　统计直方图

9.5.2　与 SNR 的关系

设定 $\theta_T=1°$,图 9.11 给出了 SNR 分别取 10dB 和 20dB 时的 MFML 仰角谱曲线。可以看出,随着 SNR 增加,仰角谱中栅瓣相对电平下降,预示着仰角模糊程度减小,测角性能提高。

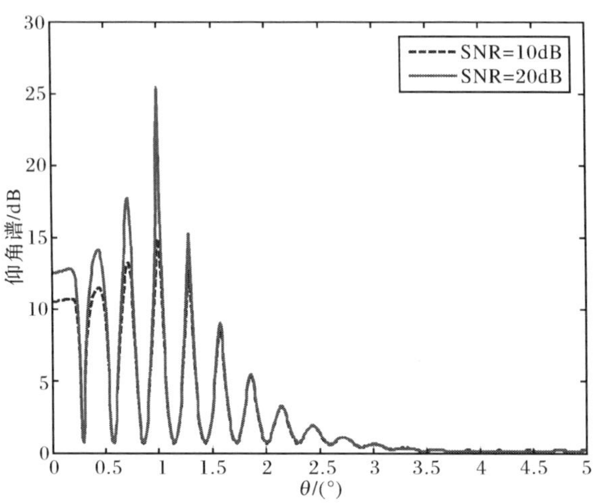

图 9.11　不同 SNR 条件下的仰角谱

图 9.12 给出了谱峰正确选择概率 P_0 与 SNR 的关系曲线。可以看出，P_0 是 SNR 的单调增函数，随着 SNR 增加，P_0 提高，测角精度提高。若要求 P_0 大于 0.9，则 SNR 必须大于 0.16dB。

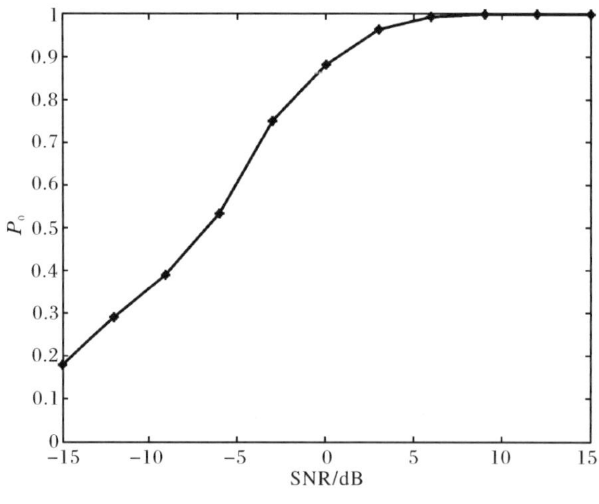

图 9.12　P_0 与 SNR 的关系

9.5.3　与目标仰角的关系

设定 SNR=10dB，图 9.13 给出了目标仰角分别取 1°和 0.5°时的 MFML 仰角谱曲线。可以定性看出，仰角越大，仰角谱中栅瓣相对电平下降，预示着仰角模糊程度减小，测角性能提高。

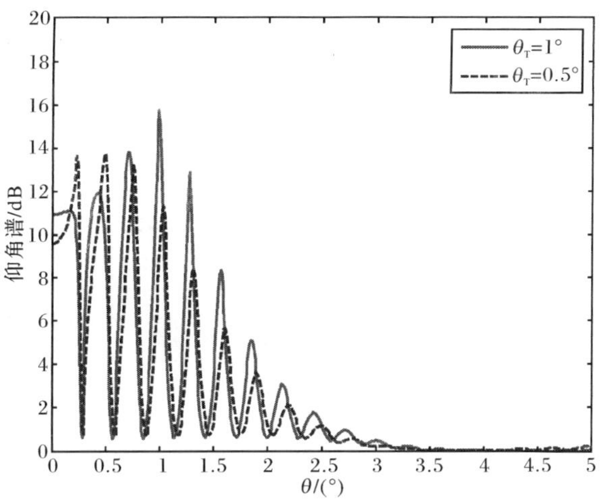

图 9.13　不同目标仰角条件下的仰角谱

图 9.14 给出了 P_0 与目标仰角的关系曲线。从总体趋势上看，随着目标仰角的增加，P_0 也增加，但是没有严格单调关系，例如当目标仰角为 0.6°和 0.3°时，P_0 较低。

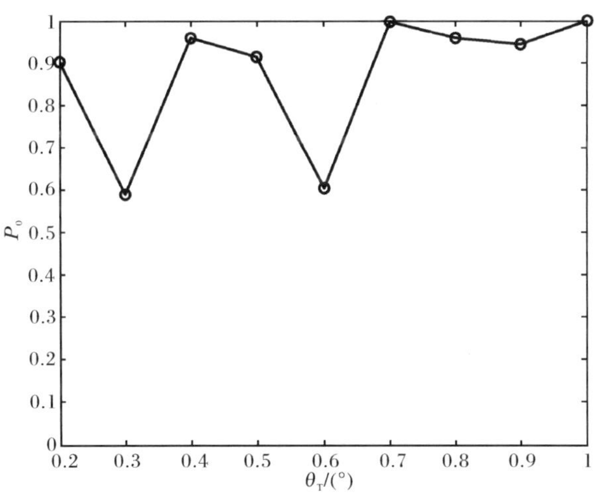

图 9.14　P_0 与目标仰角的关系

9.5.4　最小 SNR 与目标仰角的关系

给定目标仰角条件下，P_0 是 SNR 的单调增函数。如果要求 P_0 大于等于某值(比如 0.9)，则可以求出最小的 SNR。图 9.15 给出了 $P_0 \geqslant 0.9$ 时最小 SNR 与目标仰角的关系曲线。

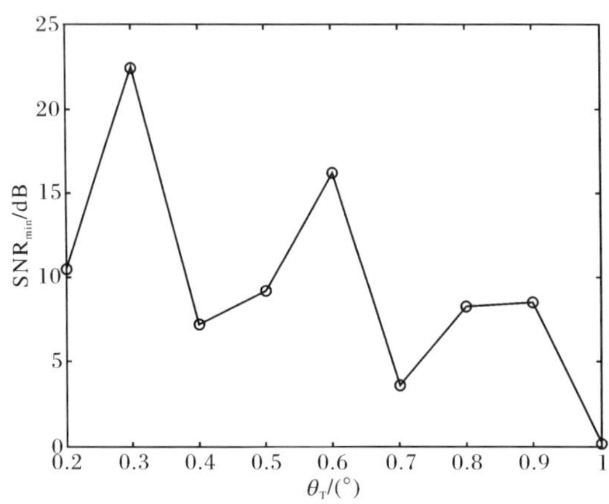

图 9.15　最小 SNR 与目标仰角的关系

可以看出，随着目标仰角的增加，大体上需要的 SNR 呈下降趋势，但是存在一定的起伏，例如在 0.6°和 0.3°时需求的 SNR 较高，与图 9.14 的分析是一致的。

9.6　小　　结

本章首先分析了频率分集去相干的基本原理，给出了相关系数与带宽或相对带宽的关系。其次针对多频体制建立了多径条件下阵列接收信号模型。然后分 ρ 已知和未知两种情况推导了多频 ML 仰角谱，并比较了两者的关系，证明了多频体制的性能优势。研究了天线高度、系统带宽和频点数对仰角谱的影响。最后通过仿真分析了系统 SNR 以及目标仰角对仰角测量性能的影响，在给定仰角的条件下求出了满足测角性能的最小 SNR。研究为多频体制系统参数论证提供借鉴与参考。

本章提出的 MFML 仰角谱估计算法具有以下三个优点：第一，仰角谱主瓣宽度取决于阵列天线与其镜像构成的虚拟孔径，而非阵列天线实际孔径，因此测角精度高；第二，该方法可测最小仰角远小于阵列天线波束宽度，本章中天线波束宽度为3.2°，最小可测的目标仰角达0.2°，小于波束宽度的 1/10；第三，在理想镜面反射条件下（即 $\rho=-1$）依然能够工作，并且效果不错。以上优点预示着该算法具有广泛的应用前景，特别适用于 X 波段海环境下目标仰角的测量。在该波段频率分集易于实现；海水 ρ 可以认为已知，阵列模型中未知数的数目减半。本方法是针对镜面反射机理，当海情变高时该技术将失效，也就是说当漫反射分量逐渐占据主导地位时系统性能将退化。漫反射条件下测角方法与性能有待下一步继续研究。

对于消除仰角模糊的问题还可以通过改变天线高度来实现，该技术也称为天线高度分集技术，消除模糊的原理与频率分集类似，即峰值位置不随天线高度变化的点为目标的真实高度。

参考文献

[1] Mangulis V. Frequency diversity in low-angle radar tracking. IEEE Correspondence，1981：149-153.

[2] Yu K B. Recursive super-resolution algorithm for low-elevation target tracking in multipath. IEE Proceedings of RSN，1994，141(4)：223-228.

[3] Bosse E，Turnmer R M. Height ambiguities in maximum likelihood estimation with a multipath propagation model//Proceedings of the 22nd Asilomar Conference on Signals，Systems and Computer，1988：690-695.

[4] Bosse E，Turner R M，Rody J. The use of propagation modeling in MUSIC and maximum likelihood for low-angle tracking. Conference Record of the Twenty-Fourth Asilomar Conference on Signals，Systems and Computers，1990：193-198.

[5] Eloi B，Ross M T，Michel L. Tracking Swerling fluctuating targets at low altitude over the sea. IEEE Transactions on AES，1991，27(5)：806-822.

[6] Eloi B，Ross M T，Brookes D. Improved radar tracking using a multipath model：maximum likelihood compared with eigenvector analysis. IEE Proceedings of RSN，1994，141(4)：213-222.

[7] Eloi B，Ross M T，Denis D. Low-angle tracking in the presence of ducting，coherent and incoherent multipath. Defence Research Establishment Ottawa (Ontario)，ADA289838，1994.

[8] Eloi B，Boss M T. Model-based multi-frequency array signal processing for low-angle tracking. IEEE Transactions on AES，1995，31(1)：194-210.

[9] Simon H. Where do we stand on high resolution in low-angle tracking radar. IEEE Fourth Annual ASSP Workshop on Spectrum Estimation and Modeling，1988：85.

[10] Reilly J，Litva J，Bauman P. New angel-of-arrival estimator：comparative evaluation applied to the low-angle tracking radar problem. IEE Proceedings，1988，135(5)：408-420.

[11] Titus L，John L. Early results of multipath measurements on Lake Ontario. Antennas and Propagation Society International Symposium，1989，2：819-822.

[12] John L. Superresolution based on the use of deterministic physical modeling//Proceedings of the International Conference on Acoustics，Speech，and Signal Processing，1989，4：2148-2151.

[13] Litva J. Use of highly deterministic model in signal bearing estimation. Electronics Letters，1989，25 (5)：163-171.

[14] Titus L，Larry L，John L. Multipath propagation effects on low-angle radar tracking：an experimental evaluation. Antennas and Propagation Society International Symposium，1990，4：1816-1819.

[15] John L, Titus L, Tim W. A new technique for low-angle radar tracking//Proceedings of the IEEE Pacific Rim Conference on Communications, Computers and Signal Processing, 1991, 1:124-127.

[16] Lo T, Litva J. Use of highly deterministic multipath signal model in low-angle tracking. IEE Proceedings, 1991, 138(2):163-171.

[17] Lo T, Litva J. Low angle tracking using a multi-frequency sampled aperture radar. IEEE Transactions on AES, 1991, 27(9):797-805.

[18] Titus L, Henry L, John L. Low-angle radar tracking in a naval environment using a forward-backward nonlinear prediction method. IEEE Transactions on OE, 1994, 19(3):468-475.

[19] Takayuki I, Kiyomichi A. A study on high-resolution target height estimation in multipath environment. Subarray Configuration, Electronic and Communications in Japan, 2004, 87(11):1620-1628.

[20] Zhou J, Wang J M, Xing W G. Study on low-angle tracing technique for shipboard phased array radar. IEEE Radar Conference, 2006.

[21] Zhang Y D, Xin L, Amin M G. Target localization in multipath environment through the exploitation of multi-frequency array. IEEE Conference of Waveform Diversity and Design, 2010:206-210.

[22] 焦培南，张忠志. 雷达环境与电波传播特性. 北京：电子工业出版社，2007.

第十章　极化平滑法

10.1 引　　言

从阵列信号处理角度看，低角跟踪可以归结为相干信号的 DOA 估计问题，前面研究了空间平滑法和频率分集法，本章将重点研究极化平滑方法。

文献[1]研究了多径环境中利用矢量传感器阵列进行信号源定位的问题，每个阵元包含三个正交的偶极子和三个正交的电流环，阵元沿垂直方向均匀放置。提出了极化平滑(polarization smoothing algorithm，PSA)预处理算法来消除直达与多径信号的时域相干性，然后利用特征分解类高分辨谱估计算法估计信号的到达角。和空间平滑、前后向平均算法相比，该方法不受限于阵列结构，并且没有减小阵列的有效孔径。文献[2]进一步研究了矢量传感器在低角跟踪中的应用，并与频率分集方法进行比较，研究表明：极化分集可以克服频率分集的种种限制条件，避免了频率分集在直达信号和多径反射信号相位差为 0°和 180°时性能恶化的现象。极化分集方法与未知的复反射系数 ρ 无关，与直达与多径反射信号相位差无关，并且仰角估计性能优于频率分集体制，即使在快拍数较少的情况。文献[3]研究了基于极化敏感传感器阵列的海面多径条件下的信号源被动定位问题，核心是利用多径几何关系。提出了通用的极化信号模型，该模型考虑了反射波与直达波的干涉效应。给出了电磁矢量传感器阵列(electromagnetic vector sensor)、分布式电磁分量阵列(distributed electromagnetic component array)、分布式电偶极子阵列(distributed electric dipole array)的角度估计克拉美劳界(CRB)和均方角误差界(MSAE)，证明了极化敏感传感器阵列比传统标量阵列在低角跟踪中更具有性能优势。

然而，对于仅处理“两相干源”的多径问题，利用“六通道”的矢量传感器来消除信源的相干性，效费比较低。对于单个低仰角目标，只要“两通道”极化敏感阵列就可以对两相干源去相干，达到精确估计目标仰角的目的。此外，在文献[1]～[3]研究中没有考虑反射面复反射系数规律利用问题。

本章研究由正交偶极子对构成的极化敏感阵列[4～12]在米波雷达低角跟踪中的应用。以 VHF 波段地面 ρ 规律为基础建立了多径条件下极化敏感阵列接收信号模型，研究了极化平滑去相干效能。在此基础上开发了基于极化平滑的 MUSIC 空间谱估计算法，最后给出了仰角估计性能与 SNR、目标仰角以及极化角的关系。

10.2 多径极化阵列信号模型

10.2.1 极化敏感阵列与几何关系

对于米波波段,镜面反射占优势,因此忽略了漫反射分量,雷达接收信号是直达信号和镜面反射信号的相干叠加,即“双射线”模型。

建立直角坐标系如图 10.1 所示,极化敏感阵元均匀分布在 Z 轴上,正交电偶极子分别沿 X 方向和 Z 方向排列,阵元间距为半波长。不失一般性,假定目标位于 YOZ 平面并且满足远场条件,直达波可以看做是平面波。通常非涅尔反射区域位于雷达阵列附近,可以认为是平面反射,反射波也可以看作平面波。

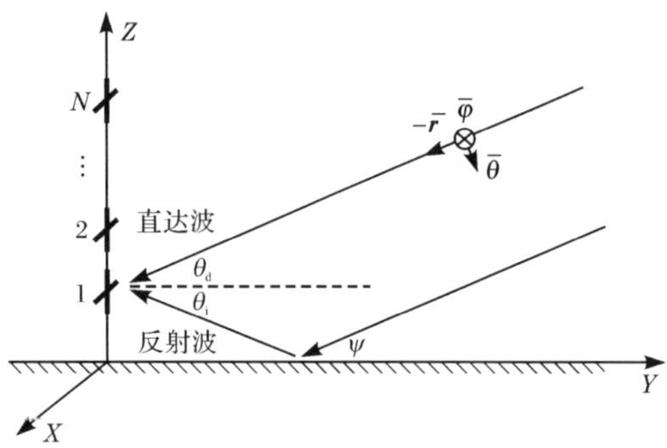

图 10.1 极化敏感阵列与低角跟踪示意图

阵列天线严格垂直于地面,阵列法向平行于地面,因此,直达信号入射角 θ_d 和镜面反射信号入射角 θ_i 关于阵列法向对称,并且 θ_i 与擦地角 ψ 相等。因此,$\psi=\theta_d \overset{\text{def}}{=} \theta$,$\theta_i=-\theta_d=-\theta$,此时称为对称多径。

10.2.2 直达信号极化模型

目标直达回波信号沿 $-\bar{\boldsymbol{r}}$ 方向传播,单位向量($\bar{\boldsymbol{\varphi}},\bar{\boldsymbol{\theta}},-\bar{\boldsymbol{r}}$)构成右手坐标系,假设其为完全极化波[11,12],等相位面上电场矢量在极化基($\bar{\boldsymbol{\varphi}},\bar{\boldsymbol{\theta}}$)上表示为

$$e_d=E_\varphi\bar{\boldsymbol{\varphi}}+E_\theta\bar{\boldsymbol{\theta}}=\cos\gamma\bar{\boldsymbol{\varphi}}+\sin\gamma e^{j\eta}\bar{\boldsymbol{\theta}} \tag{10.1}$$

其中,$\bar{\boldsymbol{\varphi}}=[-\sin\varphi,\cos\varphi,0]^T$,$\bar{\boldsymbol{\theta}}=[\sin\theta\cos\varphi,\sin\theta\sin\varphi,-\cos\theta]^T$,本章中 $\varphi=\frac{\pi}{2}$,因此 $\bar{\boldsymbol{\varphi}}=[-1,0,0]^T$,$\bar{\boldsymbol{\theta}}=[0,\sin\theta,-\cos\theta]^T$。$E_\varphi=\cos\gamma$ 和 $E_\theta=\sin\gamma e^{j\eta}$分别为 $\bar{\boldsymbol{\varphi}}$ 和 $\bar{\boldsymbol{\theta}}$ 方向的极化分量,参数 γ,η 为电磁波的相位描述子,$\tan\gamma$ 即极化分量间的幅度比,η 即极化分量间的相位差。

10.2.3　ρ 模型

镜面反射信号相当于直达信号经幅度衰减和相位延迟后的复本，用 ρ 对镜面反射行为进行建模[13]。ρ 通常是雷达工作频率、擦地角和极化方式的函数。水平极化和垂直极化条件下 ρ 分别定义为

$$\rho_H(\psi)=|\rho_H|e^{-j\phi_H}=\frac{\sin\psi-\sqrt{\varepsilon_c-\cos^2\psi}}{\sin\psi+\sqrt{\varepsilon_c-\cos^2\psi}} \tag{10.2}$$

$$\rho_V(\psi)=|\rho_V|e^{-j\phi_V}=\frac{\varepsilon_c\sin\psi-\sqrt{\varepsilon_c-\cos^2\psi}}{\varepsilon_c\sin\psi+\sqrt{\varepsilon_c-\cos^2\psi}} \tag{10.3}$$

其中，$\varepsilon_c=\varepsilon_r-j60\lambda\sigma$ 为复介电常数；ε_r 为反射面的相对介电常数；σ 为电导率。反射系数为复数，即电磁波经过反射后不但幅度发生衰减，而且还引入相位的变化。图 10.2 给出低擦地角(0°～10°)条件下 VHF 波段地面 ρ 曲线[13]。

对于水平极化波，反射系数幅度随擦地角变化不大，ρ 相位也基本保持在 180°左右，也就是说，在低擦地角条件下，$\rho_H\approx-1$。对于垂直极化，ρ 的幅度随着擦地角的增加而下降，ρ 相位随着擦地角增加也下降。因此，擦地角越小，水平极化和垂直极化的 ρ 差异越小，反射波与直达波的极化状态差异也就越小。

10.2.4　反射信号极化模型

在电磁学领域，平行于入射面的极化称为水平极化，垂直于入射面的极化称为垂直极化。在本章中，入射面为 YOZ 平面，按照此定义，$\bar{\boldsymbol{\theta}}$ 方向电场称为水平

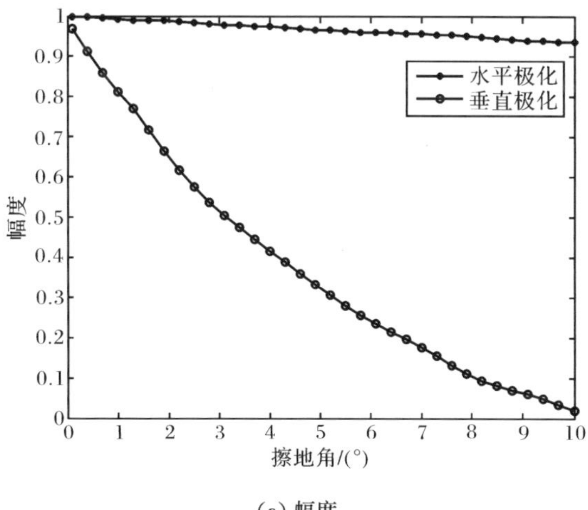

(a) 幅度

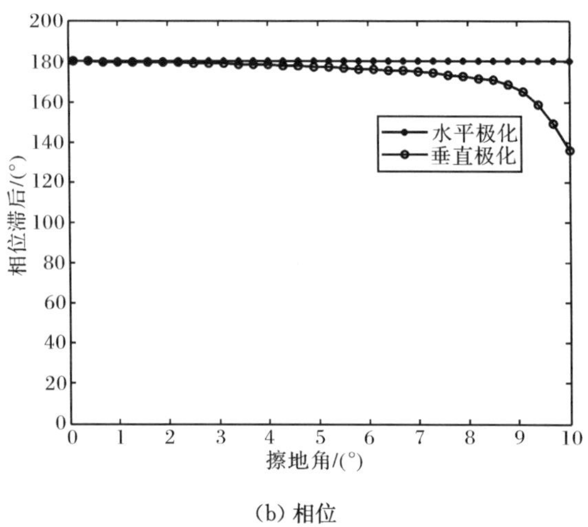

(b) 相位

图 10.2 低擦地角条件下 VHF 波段地面 ρ 曲线

极化，$\bar{\boldsymbol{\varphi}}$ 方向电场称为垂直极化。经过地面反射后，反射波的极化状态发生改变，反射波电场矢量为

$$e_{\mathrm{i}}=\rho_{\mathrm{V}}E_{\varphi}\bar{\boldsymbol{\varphi}}+\rho_{\mathrm{H}}E_{\theta}\bar{\boldsymbol{\theta}}=\rho_{\mathrm{V}}\cos\gamma\bar{\boldsymbol{\varphi}}+\rho_{\mathrm{H}}\sin\gamma \mathrm{e}^{\mathrm{j}\eta}\bar{\boldsymbol{\theta}} \tag{10.4}$$

10.2.5 多径极化阵列接收信号模型

假定电偶极子为短振子，其接收电压与该方向电场成正比。利用球坐标系与直角坐标系单位矢量之间的变换关系，可以得到极化敏感阵元接收的信号为

$$\begin{bmatrix} E_X \\ E_Z \end{bmatrix}=\begin{bmatrix} -1 & 0 \\ 0 & -\cos\theta \end{bmatrix}\begin{bmatrix} E_\varphi \\ E_\theta \end{bmatrix}=\begin{bmatrix} -E_\varphi \\ -\cos\theta E_\theta \end{bmatrix} \tag{10.5}$$

所有 X 方向电偶极子构成 X 极化子阵，其接收信号矢量可以表示为

$$\begin{aligned}
\boldsymbol{d}_X(t) &= \boldsymbol{s}(\theta_{\mathrm{d}})\cdot(-E_\phi)A_{\mathrm{d}}(t)+\boldsymbol{s}(\theta_{\mathrm{i}})\cdot[-\rho_{\mathrm{V}}(\psi)E_\phi]A_{\mathrm{d}}(t)+\boldsymbol{n}_X(t) \\
&= [\boldsymbol{s}(\theta_{\mathrm{d}}) \quad \boldsymbol{s}(\theta_{\mathrm{i}})]\begin{bmatrix} 1 \\ \rho_{\mathrm{V}}(\psi) \end{bmatrix}(-E_\phi)A_{\mathrm{d}}(t)+\boldsymbol{n}_X(t) \\
&= [\boldsymbol{s}(\theta) \quad \boldsymbol{s}(-\theta)]\begin{bmatrix} 1 \\ \rho_{\mathrm{V}}(\theta) \end{bmatrix}(-\cos\gamma)A_{\mathrm{d}}(t)+\boldsymbol{n}_X(t)
\end{aligned} \tag{10.6}$$

所有 Z 方向电偶极子构成 Z 极化子阵，其接收信号矢量可以表示为

$$\begin{aligned}
\boldsymbol{d}_Z(t) &= \boldsymbol{s}(\theta_{\mathrm{d}})\cdot(-\cos\theta E_\theta)A_{\mathrm{d}}(t)+\boldsymbol{s}(\theta_{\mathrm{i}})\cdot[-\rho_{\mathrm{H}}(\psi)\cos\theta E_\theta]A_{\mathrm{d}}(t)+\boldsymbol{n}_Z(t) \\
&= [\boldsymbol{s}(\theta_{\mathrm{d}}) \quad \boldsymbol{s}(\theta_{\mathrm{i}})]\begin{bmatrix} 1 \\ \rho_{\mathrm{H}}(\psi) \end{bmatrix}(-\cos\theta E_\theta)A_{\mathrm{d}}(t)+\boldsymbol{n}_Z(t)
\end{aligned}$$

$$=[\boldsymbol{s}(\theta)\quad \boldsymbol{s}(-\theta)]\begin{bmatrix}1\\ \rho_{\mathrm{H}}(\theta)\end{bmatrix}(-\cos\theta\sin\gamma \mathrm{e}^{\mathrm{j}\eta})A_{\mathrm{d}}(t)+\boldsymbol{n}_Z(t) \tag{10.7}$$

其中,$A_{\mathrm{d}}(t)$为直达信号的时域复包络;$\boldsymbol{s}(\theta)=[1,\mathrm{e}^{\mathrm{j}\pi\sin\theta},\mathrm{e}^{\mathrm{j}2\pi\sin\theta},\cdots,\mathrm{e}^{\mathrm{j}(N-1)\pi\sin\theta}]^{\mathrm{T}}$ 为 N 元半波长均匀线阵的空间导向矢量;$\boldsymbol{A}(\theta)=[\boldsymbol{s}(\theta)\quad \boldsymbol{s}(-\theta)]$为多径条件下阵列流型矩阵;$\boldsymbol{n}_X(t)$和$\boldsymbol{n}_Z(t)$为阵列接收白噪声矢量,为独立同分布零均值复高斯白噪声,即 $E[\boldsymbol{n}_X(t)]=E[\boldsymbol{n}_Z(t)]=\boldsymbol{0}_{N\times 1}$,$E[|\boldsymbol{n}_X(t)|^2]=E[|\boldsymbol{n}_Z(t)|^2]=\sigma^2\boldsymbol{I}_N$,$\sigma^2$ 为接收机噪声方差,$\boldsymbol{I}_N$ 为 N 维单位矩阵。

10.3　极化平滑与去相关效能

10.3.1　极化平滑原理

极化平滑的原理是:不同类型极化通道信号提供了直达信号和多径反射信号空间导向矢量的不同线性组合。对于相干信号源,同极化阵列信号的协方差矩阵的秩是 1,是欠秩的;但是多种极化对应的阵列信号协方差矩阵平均后得到的矩阵就变成满秩了。不同极化通道获得的信息构成信号的测量空间,在这个空间中信号不完全相干。

根据式(10.6)可得 X 极化子阵的阵列协方差矩阵为

$$\boldsymbol{R}_{XX}=P_{\mathrm{S}}\cos^2\gamma\cdot\boldsymbol{A}\begin{bmatrix}1 & \rho_{\mathrm{V}}^*\\ \rho_{\mathrm{V}} & |\rho_{\mathrm{V}}|^2\end{bmatrix}\boldsymbol{A}^{\mathrm{H}}+\sigma^2\boldsymbol{I}_N \tag{10.8}$$

根据式(10.7)可得 Z 极化子阵的阵列协方差矩阵为

$$\boldsymbol{R}_{ZZ}=P_{\mathrm{S}}\sin^2\gamma\cos^2\theta\cdot\boldsymbol{A}\begin{bmatrix}1 & \rho_{\mathrm{H}}^*\\ \rho_{\mathrm{H}} & |\rho_{\mathrm{H}}|^2\end{bmatrix}\boldsymbol{A}^{\mathrm{H}}+\sigma^2\boldsymbol{I}_N \tag{10.9}$$

其中,$P_{\mathrm{S}}=E\{|A_{\mathrm{d}}(t)|^2\}$表示直达信号功率。可以看出,$X$ 极化子阵和 Z 极化子阵的阵列协方差矩阵与极化角 η 无关,且均为欠秩的。将两个子阵的阵列协方差矩阵进行平均得到新的协方差矩阵

$$\boldsymbol{R}=\frac{\boldsymbol{R}_{XX}+\boldsymbol{R}_{ZZ}}{2}=P_{\mathrm{S}}\boldsymbol{A}\boldsymbol{Q}\boldsymbol{A}^{\mathrm{H}}+\sigma^2\boldsymbol{I}_N \tag{10.10}$$

其中,

$$\boldsymbol{Q}=\frac{\cos^2\gamma}{2}\begin{bmatrix}1 & \rho_{\mathrm{V}}^*(\theta)\\ \rho_{\mathrm{V}}(\theta) & |\rho_{\mathrm{V}}(\theta)|^2\end{bmatrix}+\frac{\cos^2\theta\sin^2\gamma}{2}\begin{bmatrix}1 & \rho_{\mathrm{H}}^*(\theta)\\ \rho_{\mathrm{H}}(\theta) & |\rho_{\mathrm{H}}(\theta)|^2\end{bmatrix} \tag{10.11}$$

为 X 极化子阵和 Z 极化子阵的平均复包络协方差矩阵。显然,当 $\rho_{\mathrm{V}}(\theta)\neq\rho_{\mathrm{H}}(\theta)$ 时,$\mathrm{rank}\{\boldsymbol{Q}\}=2$,所以 $\mathrm{rank}\{\boldsymbol{R}\}=2$,消除了直达与多径信号的时域相干性。接下

来可以采用高分辨空间谱估计算法进行仰角估计。

10.3.2 去相干效能

经过极化平滑后阵列协方差矩阵的秩由 1 变为 2，但是“去相干”效能仍有差别，可以用 $\boldsymbol{Q}$ 的条件数来衡量极化平滑处理的去相干程度。根据条件数的定义

$$\text{cond}\{\boldsymbol{Q}\}=\|\boldsymbol{Q}\|_{\text{F}}\cdot\|\boldsymbol{Q}^{-1}\|_{\text{F}}=\frac{\lambda_{\max}\{\boldsymbol{Q}\}}{\lambda_{\min}\{\boldsymbol{Q}\}}=\frac{\text{Tr}\{\boldsymbol{Q}\}+\sqrt{\text{Tr}\,\{\boldsymbol{Q}\}^2-4|\boldsymbol{Q}|}}{\text{Tr}\{\boldsymbol{Q}\}-\sqrt{\text{Tr}\,\{\boldsymbol{Q}\}^2-4|\boldsymbol{Q}|}} \tag{10.12}$$

其中，Tr{ · }表示矩阵的迹；‖ · ‖$_\text{F}$ 表示矩阵 Frobenius 范数；| · |表示矩阵行列式。显然对于欠秩矩阵，行列式为 0，条件数为∞。

可以看出，cond{$\boldsymbol{Q}$}与目标仰角(擦地角)θ 有关，与直达波的极化状态参数 γ 有关。下面以 VHF 波段地面 ρ 为基础给出了条件数与目标仰角的关系以及与极化角的关系。

从图 10.3 可以看出，在直达波极化状态固定条件下，条件数随着 θ 减小而增大。其原因是 θ 越小，水平和垂直极化反射系数差异越小，反射波与直达波的极化状态差异越小，因此极化平滑效果就越差。

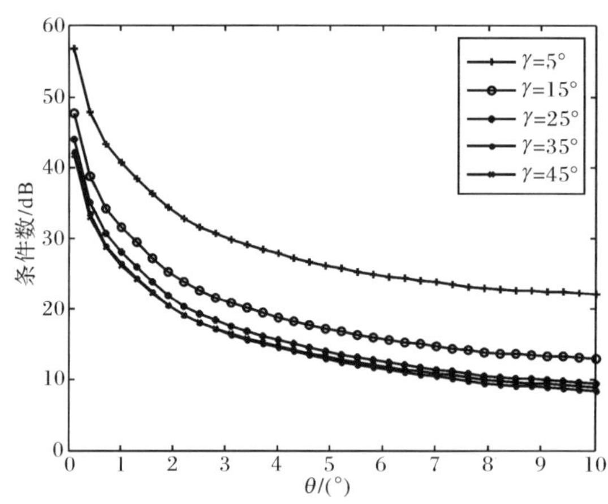

图 10.3 条件数与目标仰角关系曲线

从图 10.4 可以看出，在目标仰角固定条件下，条件数随着 γ 的增大先减小后增大，当 $\gamma=0°,90°$时，条件数为无穷大，此时极化平滑后协方差矩阵的秩仍然为 1，极化平滑没有效果；当 $\gamma\in[20°,60°]$，X 极化子阵和 Z 极化子阵接收能量大体相当，因此极化平滑效果较好。

综上所述，当目标仰角较低，或者 X 极化子阵和 Z 极化子阵接收能量差异较

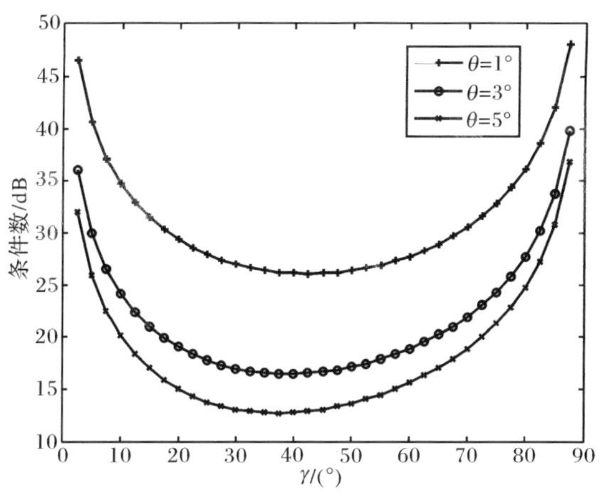

图 10.4　条件数与 γ 关系曲线

大时，极化平滑去相干效能差，极化平滑不能根本解决低角跟踪问题。

10.4　PS-MUSIC 谱估计

假设快拍数为 K，则 X 子阵和 Z 子阵的采样协方差矩阵分别为 $\hat{\boldsymbol{R}}_X = \frac{1}{K}\sum_{k=1}^{K}\boldsymbol{d}_X(k)\boldsymbol{d}_X(k)^{\mathrm{H}}$，$\hat{\boldsymbol{R}}_Z = \frac{1}{K}\sum_{k=1}^{K}\boldsymbol{d}_Z(k)\boldsymbol{d}_Z(k)^{\mathrm{H}}$，经过极化平滑后阵列采样协方差矩阵为

$$\hat{\boldsymbol{R}} = \frac{\hat{\boldsymbol{R}}_X + \hat{\boldsymbol{R}}_Z}{2} = \frac{1}{2K}\sum_{k=1}^{K}\boldsymbol{d}_X(k)\boldsymbol{d}_X(k)^{\mathrm{H}} + \frac{1}{2K}\sum_{k=1}^{K}\boldsymbol{d}_Z(k)\boldsymbol{d}_Z(k)^{\mathrm{H}} \tag{10.13}$$

在单快拍($K=1$)条件下，$\hat{\boldsymbol{R}}$ 简化为

$$\hat{\boldsymbol{R}} = \frac{1}{2}(\boldsymbol{d}_X\boldsymbol{d}_X^{\mathrm{H}} + \boldsymbol{d}_Z\boldsymbol{d}_Z^{\mathrm{H}}) \tag{10.14}$$

极化平滑去相干后采用 MUSIC 方法进行空间谱估计。对 $\hat{\boldsymbol{R}}$ 进行特征分解可得

$$\hat{\boldsymbol{R}} = \sum_{n=1}^{N}\lambda_n\boldsymbol{u}_n\boldsymbol{u}_n^{\mathrm{H}} \tag{10.15}$$

其中，$\lambda_1 > \lambda_2 >> \lambda_3 \approx \lambda_4 \approx \cdots \lambda_N \approx \sigma^2$，两个大特征值 λ_1 和 λ_2 对应的特征矢量 $\boldsymbol{u}_1$ 和 $\boldsymbol{u}_2$ 张成信号子空间，令 $\boldsymbol{U}_{\mathrm{S}} = [\boldsymbol{u}_1, \boldsymbol{u}_2]$，则基于信号子空间可得 PS-MUSIC 空间谱为

$$P(\theta)=\frac{\|\boldsymbol{s}(\theta)\|^2}{\|\boldsymbol{s}(\theta)\|^2-\|\boldsymbol{U}_{\mathrm{S}}^{\mathrm{H}}\boldsymbol{s}(\theta)\|^2}=\frac{1}{1-\|\boldsymbol{U}_{\mathrm{S}}^{\mathrm{H}}\boldsymbol{s}(\theta)\|^2} \tag{10.16}$$

谱峰位置反映了信号角度。对于镜像对称多径问题，空间谱存在两个谱峰，通过搜索得到的谱峰位置 $\hat{\theta}_1$ 和 $\hat{\theta}_2$ 分别对应直达信号和镜面反射信号的角度，因此目标仰角估计值为

$$\hat{\theta}=\frac{\hat{\theta}_1-\hat{\theta}_2}{2} \tag{10.17}$$

10.5 性能分析

考虑垂直均匀极化敏感阵列，阵元间距为半波长，阵元数 $N=16$，则波束宽度为 $\theta_{3\mathrm{dB}}=0.886\,\dfrac{\lambda}{Nd}\approx 6.35°$。快拍数 $K=1$，此时 SNR 定义为 $\mathrm{SNR}=\dfrac{|A_{\mathrm{d}}|^2}{\sigma^2}$。$\mathrm{RMSE}=\sqrt{E[(\hat{\theta}-\theta_{\mathrm{d}})^2]}$。针对低角跟踪问题，为了得到一般性结论，目标仰角、RMSE 均对波束宽度进行归一化，目标相对仰角为 $\bar{\theta}_{\mathrm{d}}=\theta/\theta_{3\mathrm{dB}}$，相对均方根误差为 $\mathrm{NRMSE}=\mathrm{RMSE}/\theta_{3\mathrm{dB}}$。

仰角估计性能与 SNR、目标仰角以及极化状态有关，下面分情况讨论。在研究某一因素对估计性能的影响时，固定其他参数为典型值。为分析统计性能进行 Monte Carlo 仿真，仿真次数为 1000。

10.5.1 与 SNR 的关系

在该实验中，设定目标相对仰角 $\bar{\theta}_{\mathrm{d}}=\dfrac{1}{3}$，$\gamma=45°$。图 10.5 给出了不同 SNR 条件下的 PS-MUSIC 空间谱图，图 10.6 给出了 NRMSE 与 SNR 的关系曲线。图 10.5 和图 10.6 分别从定性和定量的角度描述了 SNR 对估计精度的影响。

从图 10.5 可以看出，随着 SNR 的提高，空间谱的谱峰越来越“尖锐”，预示着测量精度的提高。从图 10.6 可以看出，NRMSE 随着 SNR 的增加而减小，同时也可以根据测角精度对 SNR 提出要求。

10.5.2 与目标仰角的关系

在该实验中，设定 SNR=30dB，$\gamma=45°$，图 10.7 给出了不同仰角条件下的 PS-MUSIC 空间谱图，图 10.8 给出了 NRMSE 与 $\bar{\theta}_{\mathrm{d}}$ 的关系曲线。图 10.7 和图 10.8 分别从定性和定量的角度描述了目标仰角对估计精度的影响。

从图 10.7 可以看出，随着目标仰角的减小，空间谱的谱峰越来越“胖”，预示着

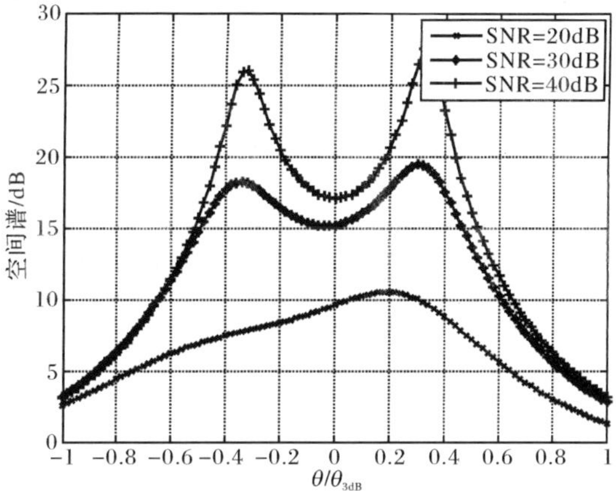

图 10.5　不同 SNR 条件下的空间谱

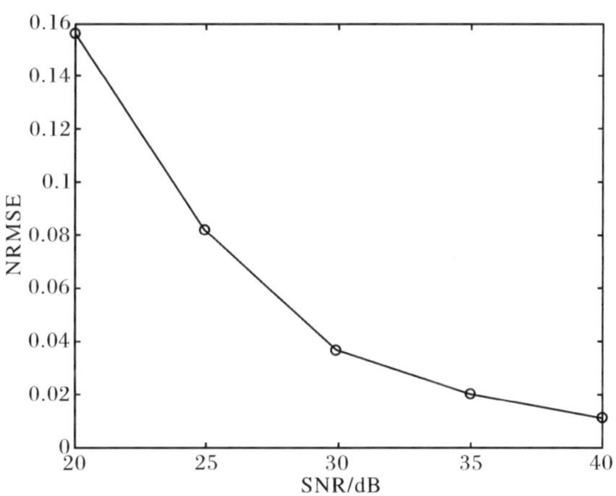

图 10.6　NRMSE 与 SNR 的关系曲线

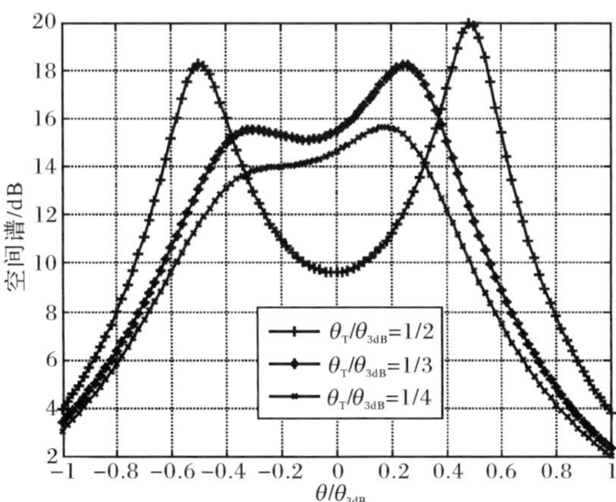

图 10.7　不同仰角条件下的空间谱

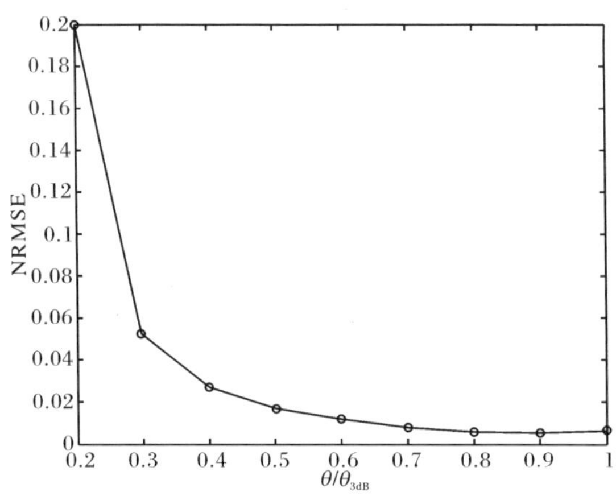

图 10.8　NRMSE 与 $\bar{\theta}_d$ 的关系曲线

测量精度的下降，并且当目标仰角继续减小时，两个谱峰有“融合”的趋势，当两个谱峰“融合”为一个谱峰时，则该算法失效。因此存在一个门限，当目标仰角低于该门限时，低角跟踪算法失效。从图 10.8 可以看出，NRMSE 随着目标仰角的减小而增大，与图 10.3 中条件数与目标仰角的变化关系趋势相同，说明极化平滑去相干效果好，则 DOA 估计性能也好。

10.5.3　与极化角的关系

在该实验中，设定 $\bar{\theta}_d=\frac{1}{3}$，SNR＝30dB，图 10.9 给出了不同极化角条件下的 PS-MUSIC 空间谱图，图 10.10 给出了 NRMSE 与极化角 γ 的关系曲线。图 10.9 和图 10.10 分别从定性和定量的角度描述了 γ 对估计精度的影响。

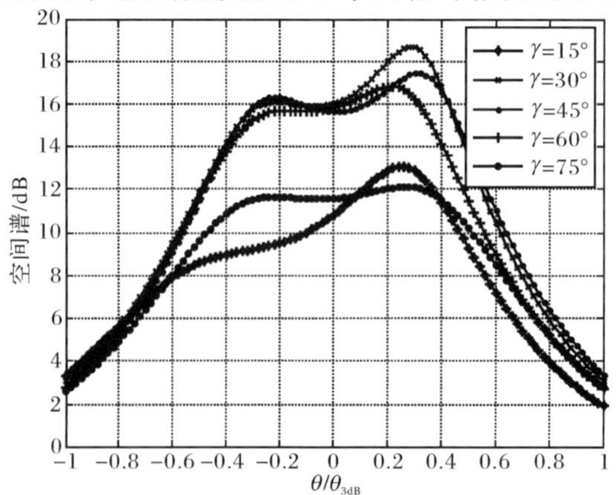

图 10.9　不同极化角条件下的空间谱

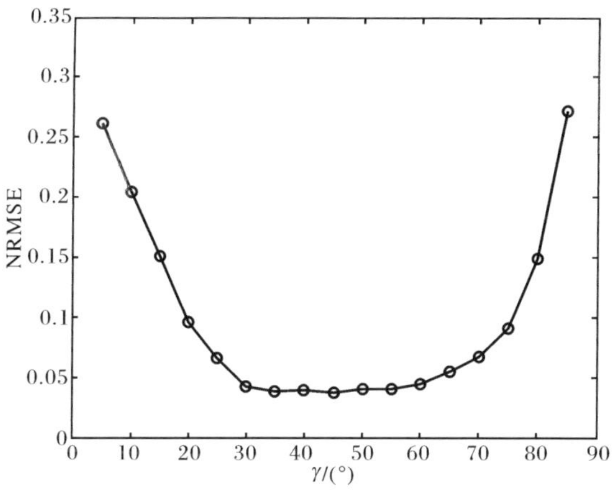

图 10.10 NRMSE 与 γ 的关系曲线

从图 10.9 可以看出，随着 γ 增大，空间谱的谱峰经历了从“胖”到“尖”再到“胖”的变化过程，说明了测量精度由差到好、再到差。从图 10.8 可以看出，NRMSE随着 γ 的增大先减小后增大。与图 10.4 中条件数与 γ 的变化关系趋势相同，也说明了极化平滑去相干效果好，则 DOA 估计性能也好。

10.6 小　结

本章将极化敏感阵列应用到米波雷达低角跟踪中，以 VHF 波段地面复反射系数规律为基础，研究极化平滑去相干的效能以及基于极化平滑的 DOA 估计性能。该方法的理论基础是：不同极化的 ρ 不同，直达波与反射波极化状态存在差异。该方法的特点是：极化平滑的效果与极化比有关，当水平和垂直极化能量相当时效果最好，否则反之；当目标仰角特别低时，该方法效果不好，其原因是水平、垂直极化复反射系数接近，去相干效果差。该方法需要的快拍数较少，甚至单个快拍即可给出估计结果。该方法的系统代价是：每个阵元采用正交双极化接收，与普通标量阵列相比系统通道数增加了一倍。该方法以 VHF 地面 ρ 规律为基础，但可以拓展应用到 X 波段海面多径情况。

参考文献

[1] Rahamim D, Tabrikian J, Shavit R. Source localization using vector sensor array in a multipath environment. IEEE Transactions on SP, 2004, 52 (11): 3096-3103.

[2] Hyochul K, Eunjung Y, Joohwan C. Vector sensor arrays in DOA estimation for the low angle tracking. International Conference Waveform Diversity and Design, 2007: 183-187.

[3] Martin H, Arye N. Performance analysis of passive low-grazing-angle source localization in

maritime environments. IEEE Transactions on AES,2007,43,(2):780-789.

[4] Jian L,Compton Jr RT. Angle and polarization estimation using ESPRIT with a polarization sensitive array. IEEE Transactions on AP,1991,39(9):1376-1383.

[5] Jian L,Compton Jr RT. Angle estimation using a polarization sensitive array. IEEE Transactions on AP,1991,39(10):1539-1543.

[6] Jian L,Compton Jr RT. Two-dimensional angle and estimation using the ESPRIT algorithm. IEEE Transactions on AP,1992,40(5):550-555.

[7] Jian L,Stoica P. Efficient parameter estimation of partially polarized electromagnetic waves. IEEE Transactions on SP,1994,42(7):3114-3125.

[8] Xu Z H,Li J J,Shi L F,et al. Filtering performance of polarization sensitive array. IEEE MAPE,2005:212-215.

[9] Xu Z H,Ni Y P, Jin L. Resolution Theory of polarization sensitive array signals//Proceedings of the CIE 2006 International Conference on Radar,2006:1-4.

[10] Xu Z H,Xiong Z Y,Xiao S P. A novel alternate polarization array and its filtering performance. IEEE Radar,2011:1890-1892.

[11] 徐振海. 极化敏感阵列信号处理研究. 长沙:国防科学技术大学博士学位论文,2004.

[12] 庄钊文,徐振海. 极化敏感阵列信号处理. 北京:国防工业出版社,2005.

[13] 焦培南,张忠治. 雷达环境与电波传播特性. 北京:电子工业出版社,2007.

第十一章　结　束　语

11.1　基本结论

本书针对阵列雷达，分别从改进单脉冲、空间谱估计、解相干三个方面对低角跟踪问题进行研究，提出并实现了八种算法，并通过仿真和实测数据对算法的性能进行检验。所有方法出发点有差别，信号处理各有特点，测角性能也有不同，但是各种方法的性能有大致共性的结论。

1. SNR 对低角跟踪性能的影响

给定阵列雷达与多径环境，低角跟踪性能随着 SNR 的提高而改善，这是雷达探测的一般性规律。给定目标仰角，跟踪精度要想满足要求，SNR 必定大于某个门限，称为最小 SNR，不同方法对应的最小 SNR 不同。

2. 目标仰角对低角跟踪性能的影响

给定阵列雷达与多径环境，低角跟踪性能随着目标仰角的增加而改善，这是低角跟踪问题的特有规律。但是频率分集法有点特殊，随着目标仰角的增加，测角性能具有改善的趋势，但是个别仰角上有例外。

当系统 SNR 给定时，跟踪精度要满足要求，目标仰角必定要大于某个门限，称为最小可测仰角，不同方法对应的最小可测仰角不同。值得一提的是，频率分集法的最小可测仰角很小，可达阵列天线 1/10 波束宽度，这主要因为虚拟阵列孔径很大。

3. ρ 对低角跟踪性能的影响

实际的 ρ 对低角跟踪性能影响较大；当 $\rho=-1$ 时，即理想镜面反射，此时性能最差，很多方法甚至失效；低角跟踪性能随复平面上 ρ 到 -1 的距离增大而改善。但是，空间平滑法是个特例，当 $\rho=-1$ 时，测角精度依然效果很好。

综上所述，所有方法对低角跟踪性能均有不同程度的改善，均无法从根本上解决低角跟踪问题。为了满足测量性能，最小的 SNR 最小可测仰角是永恒追求的目标。

11.2 方法对比

1. 系统实现代价

从系统实现的角度,频率分集法需要工作在宽频段模式,适用于舰载 X 波段雷达;极化平滑法要求雷达采用极化敏感阵列,需要两套接收系统,硬件复杂度增加了,当然也可以用单极化天线时分复用来实现双极化功能;双零点单脉冲方法计算量较大,对系统的实时处理能力要求较高;子空间匹配法在实际应用中要求的 SNR 很高,不利于实现;空间平滑法需要论证最优的子阵数目。对称波束法、子孔径法和波束域法对系统没有特殊要求。

2. 测角方法

对称波束法可以根据单脉冲比直接计算目标仰角,计算量最小,有利于雷达实时处理;双零点法需要进行迭代处理,计算量较大;其余六种方法均要进行一维搜索,其中子孔径法和波束域方法还可以采用迭代方法。

3. 快拍数的要求

所有方法都可以工作在单次快拍采样,对于频率分集方法,单次快拍要求多个频点数据同时采集;对于极化平滑方法,单次快拍要包含水平和垂直双极化数据。因此所有方法均适用于雷达的工作模式。

4. ρ 问题

除了频率分集法以外,所有方法信号处理流程均不依赖于未知的 ρ。并且双零点法、子空间匹配法、子孔径法、波束域法均能在估计出目标仰角之后,进一步估计出 ρ。

5. 理想镜面反射问题

针对理想镜面反射,对称波束法、子孔径法、波束域方法均失效,子孔径匹配法有效但是性能较差,空间平滑法对于理想镜面反射效果最好。

6. 实测数据处理问题

实测数据处理表明,对称波束法、双零点法、子孔径法、波束域法、空间平滑法均有明显效果;子空间匹配法要求 SNR 较高,实测数据 SNR 无法满足要求。频率分集法和极化平滑法由于实测数据不支持无法获得检验。

各种方法性能对比如表 11.1 所示。

表 11.1 方法性能对比表

	方法名称	快拍数	测角方法	对 ρ 的依赖	ρ 对性能的影响	能否估计 ρ	实测数据有效性	系统实现代价	适用场合
改进单脉冲类	对称波束法	单快拍	计算（最优）	不依赖	−1 时失效	否	有效		
	双零点法	单快拍	迭代	不依赖		能	有效	计算量大	
谱搜索类	子空间匹配法	单快拍	搜索	不依赖		能	无效	要求 SNR 高	
	子孔径法	单快拍	搜索、迭代	不依赖	−1 时失效	能	有效		
	波束域法	单快拍	搜索、迭代	不依赖	−1 时失效	能	有效		
解相干类	空间平滑法	单快拍	搜索	不依赖	−1 时有效	否	无效	最优子阵数论证	
	频率分集法	多频点快拍	搜索	依赖		否	无验证	X 波段	舰载雷达
	极化平滑法	双极化快拍	搜索	不依赖		否	无验证	双极化阵列	陆基米波雷达

11.3 研究展望

随着阵列雷达装备的研制，低角跟踪技术的军事需求依然强烈，低角跟踪问题的研究方兴未艾[1~6]，仍有大量学术问题有待深入。

11.3.1 漫反射问题

在本书中，仅考虑镜面反射条件下低角跟踪问题，对于漫反射条件下低角跟踪没有涉及，漫反射回波的建模比较复杂。第一种思路认为漫反射回波直接用色噪声进行建模[7,8]，然而漫反射回波阵列协方差矩阵无法已知，并且漫反射回波依赖于目标特性与反射面特性。第二种思路认为漫反射回波更接近混沌信号而非时域和空域相关的随机信号[9]，漫反射分量应该看作非高斯的未知噪声信号。第三种思路认为漫反射回波是一种分布式信号[10]，其仰角分布在一定角度范围，仰角分布服从一定的概率分布，比如指数分布、高斯分布、三角分布等，分布函数一般要三个参数来描述：分布中心、分布宽度和信号功率。然而实际中很难先验已知漫反射信号在仰角上的分布情况。以上三种思路均有一定的合理性，但是实际情况究竟如何还需要大量的外场实验研究。

可以预期当漫反射分量变大后，各种方法的性能将会下降，因此有必要研究漫反射条件下低角跟踪方法和测角性能。

11.3.2 机载雷达多径问题

预警机[11]担任空中预警与控制（引导）任务，需要测定目标的三维坐标，低空/超低空飞行的战斗机等目标是其重要的探测对象。由于载机气动特性限制，机载雷达天线垂直孔径不可能很大，仰角波束通常较宽。当对平静的海面或平坦的陆地上方的目标进行探测时，多径效应非常明显，常规的测角方法通常失效。机载阵列雷达探测多径几何关系如图 11.1 所示。在该问题中，雷达高度通常很高，目标较低，并且贴近地/海面，首先需要对机载阵列雷达回波信号进行精确建模，当直达回波和多径回波距离差小于距离分辨单元时，才发生多径干涉，当大于距离分辨单元时可以根据距离差求解目标的高度。另外，多径效应也并非完全一无是处，多径回波中包含了目标的信息，综合处理目标直达回波和多径回波可以大大改善雷达对低空目标的测高精度[12]，原因在于，可资利用的信号能量增加了，或者也可以理解为实际阵列和镜像阵列构成了很大的“虚拟”阵列天线。此外，机载雷达通常采用了脉冲多普勒（pulse Doppler，PD）处理和空时自适应（space time adaptive processing，STAP）处理，因此要考虑仰角测量和机载雷达 PD 处理或 STAP 处理的兼容问题。

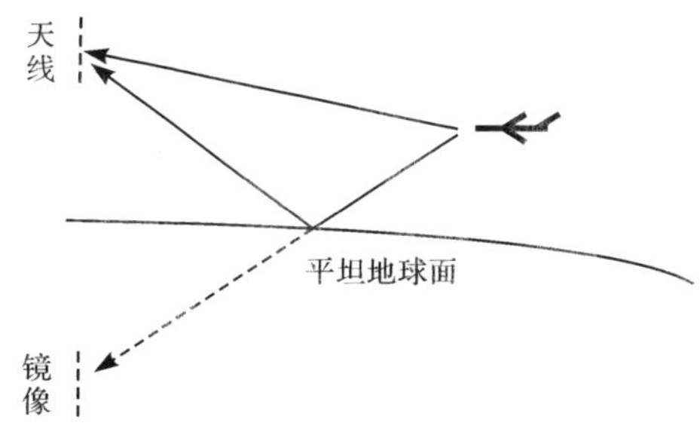

图 11.1 机载阵列雷达探测多径几何关系示意图

11.3.3 多目标问题

本书仅仅研究了单目标的情况，当两个或多个目标同时位于同一方位单元、同一距离单元、不同仰角时，除了要考虑多径问题以外还要考虑多目标分辨问题，多径与多目标交叠在一起使得低角跟踪变得更加复杂了。多目标关系如图 11.2 所示。这种情况在实际中也会出现，比如低空突防的编队飞行目标，因此多目标低角跟踪问题的军事需求强烈。首先考虑阵列雷达多径条件下多目标回波建模问题，主要考虑镜面反射机理；然后要进行目标数判定，可以采用 Akaike 信息准则(Akaike information criterion, AIC)和最小描述长度(minimum description length, MDL)准则；最后应用"超分辨"思路研究多目标低角跟踪问题。

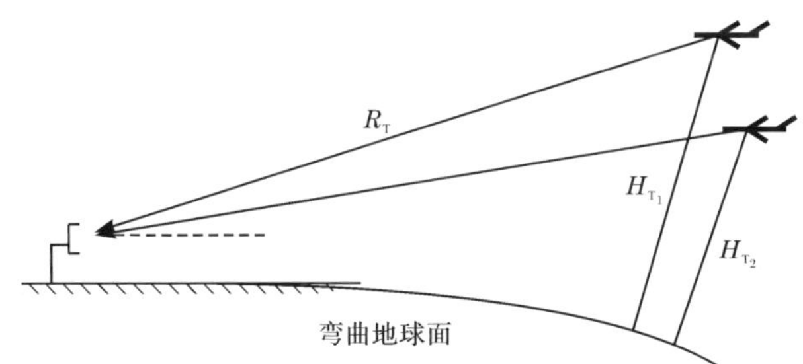

图 11.2 同方位同距离多目标示意图

参考文献

[1] Shu T, Liu X Z, Yu W X. Target height finding in narrowband ground-based 3D surveillance radar using beamspace approach. IEEE Radar Conference, 2009: 1-6.

[2] Zhao G H, Shi G M. Altitude measurement of low elevation target based on iterative subspace projection. IEEE Transactions on AES, 2011, 47, (2): 1256-1264.

[3] Liu J, Liu Z, Xie R. Low angle estimation in MIMO radar. Electronics Letters, 2010, 46(23): 1565, 1566.

[4] Han X B, Zhang H, Meng H D, et al. Hybrid method of DOA estimation for low-angle target tracking. IEEE Conference of Electrical and Control Engineering, 2010: 4687-4690.

[5] Soyeon A, Eunjung Y, Joohwan C, et al. Low angle tracking using iterative multi-path cancellation in sea surface environment. IEEE Radar Conference, 2010: 1156-1160.

[6] Takahashi R, Hirata K, Maniwa H. Altitude estimation of low elevation target over the sea for surface based phased array radar. IEEE Radar Conference, 2010: 123-128.

[7] Lee S A, Petre S. Radar signal processing with antenna arrays via maximum likelihood. Conference Record of the Thirty-First Asilomar Conference on Signals, Systems and Computers, 1997, 2: 1219-1223.

[8] Lee S A, Petre S. Maximum likelihood methods in radar array signal processing. IEEE Proceedings, 1998, 86(2): 421-441.

[9] Titus L, Henry L, John L. Low-angle radar tracking in a naval environment using a forward-backward nonlinear prediction method. IEEE Transactions on OE, 1994, 19(3): 468-475.

[10] 万群. 分布式目标 DOA 估计方法研究. 成都：电子科技大学博士学位论文，2000.

[11] 郦能敬. 预警机系统导论. 北京：国防工业出版社，1998.

[12] Martin H, Arye N. Performance analysis of passive low-grazing-angle source localization in maritime environments. IEEE Transactions on AES, 2007, 43, (2): 780-789.